U0111955

休閒娛樂
11

透析
愛犬習性

高崎計哉／監修
愛犬人士網路／著
沈 永 嘉／譯

大展
出版社有限公司

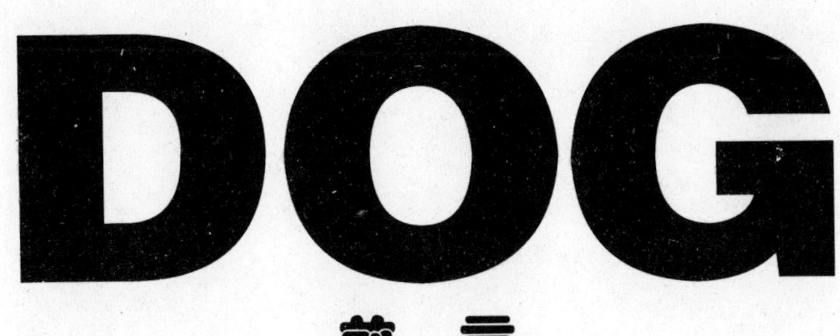

前言

掌握愛犬的心聲，成爲牠的最佳伴侶！

活潑地玩弄皮球、乖順地坐著、被人撫摸著愉快地瞇起眼睛……。

愛犬的一舉一動煞是可愛。看在眼裡，我們的心也隨之溫暖起來，即使有一絲絲心煩，臉上也會立刻綻開笑容。

這也難怪，狗和人類自古以來便長久相處在一起。如今彼此已成為不可或缺的伴侶。

但是，這樣可愛的小狗也隱藏著許多不為人知的秘密。包括身體結構、習性、行動及心理狀態……。由於彼此太親近了，所以平時容易忽略、誤會。

本書是為愛狗人士公開這些秘密而編輯的。閱讀後若能仔細了解愛犬的性情，保證您和愛犬的生活將會越來越有趣。

不論您目前和愛犬生活或即將和狗兒一起生活，都請您能更了解狗兒們的性情。

目錄

1 解開愛犬的行動之謎

愛犬的挖洞、遠吠、舔臉……

透過愛犬今天的動作，徹底檢視牠的好心情、壞心情指數

2 能力的祕密

愛犬的囈語、散步、接送……

愚笨的狗也能被養成聰明的狗

3 深層心理的徵兆

愛犬的撒嬌、嫉妒、戀愛……

掌握愛犬害怕寂寞的心聲、加深人狗之間的連繫

4

愛犬的迷路、壓力對策、銀髮族生活……

幸福的同居計劃

陪我一起煩惱、歡笑的人才是最佳伴侶

DOG 1

愛犬的
挖洞、遠吠、舔臉……

解開愛犬的行動之謎

透過愛犬今天的動作，
徹底檢視牠的
好心情、壞心情指數

愛犬在這個時候會對著你微笑。

狗兒表情的意外秘密

當然狗兒臉部的表情沒有人類那麼豐富。因為狗不只是利用表情來表達感情的，牠更擅長利用身體來表達喜怒哀樂。雖然狗兒們的臉部表情缺少變化；但是，我們仍要從中掌握牠們的性情。

狗有其獨特的表情，那是笑臉。我們常聽人家說：「我家的狗高興時會笑」；這麼說來，狗的確有時會露出微笑的表情。

你的狗會不會對你撒嬌：「陪我玩嘛！」有人說這是飼主一廂情願的想法；但是，最近在研究家之間有一項定論：狗真的會露出笑容。

自古即有關於狗兒笑容的記錄。例如，描寫距今一千五百年以前的宋朝，在書裡就提到微笑的狗的故事。這隻狗不但會笑，還會唱歌，結果被誤為是怪物而遭到宰殺的命運。

另外，近代十八世紀英國詩人薩摩威爾，也在書中描寫過一隻露齒抬鼻而笑的狗。再者，同樣是十八世紀，巴黎的官人飼養的一隻狓犬巴比也留下了微笑的記錄。

其中，以進化論聞名的達爾文也描寫過微笑的狗的故事。他說明了狗兒微笑時剛好和生氣時一樣，會抬起上唇露牙、耳朵朝後。

那麼，狗是怎麼笑的？根據以往的調查，一般好像是皺鼻抬唇、露齒而笑。而且，還會稍微瞇眼溫柔以對、耳朵朝後。其中也有狗會哈、哈地粗聲喘息或發出嗯——的鼻音。當然，因犬種的不同，狗兒的表情也會有些微的差異。

但是，**這種笑容和人類的笑容很像**。人類笑的時候，也會瞇起眼睛，皺鼻、露齒而笑吧？

狗天生就懂得這樣笑嗎？其實，好像並不是這樣的。據說動物中會笑的只有人類、黑猩猩和猩猩等靈長類動物。因此，狗的笑不是與生俱來的本能行為，而是後天學習而來的行為。證據是狗和狗從不會相視而笑。

看樣子似乎是**狗和人類相處太久，自然地學會人類微笑的方式**。亦即，我們可以

認為狗看見主人高興時笑的樣子，自然地也在自己高興的時候笑。因此，其中也有學不會笑的「不笑犬」。

狗的笑容有很多種，不只是心情好的時候，有時**快挨罵的時候，牠也會撒嬌地微笑道：「饒了我吧！」**

有一份報告指出，狗看到小孩跌倒時也會笑。原來牠也有人性的一面，即尊敬地位比自己高的人、輕視地位比自己低的人。

大部分的狗都認為小孩的地位比自己低，所以看到小孩跌倒，就會覺得他好笨，進而嘲笑他：「嘿，真差勁！」

這樣看來，狗的表情也很深奧。詳細情形如何還不知道；但是，我家愛犬的表情如此生動，幾乎讓人想到狗不只有笑臉，可能還有哭泣的臉、生氣的臉。

好好接受狗兒們的這些感情，並加以適當的回應，這是飼主重要的工作。

尤其，狗不只是臉部的表情，牠還會利用身體發出各種暗示表達感情；所以主人都應該好好掌握這些感情的暗示，多多為牠著想、好好照顧牠。

這種時候，狗會笑

①

心情好時

② 撒嬌時

輕視別人時

③

一眼即可看出狗兒心情的肢體語言講座①

（上）**你好嗎？**

舔嘴角是向對方致敬的證據。這是對狗或飼主常做的動作。

（中）**什麼聲音？**

狗的耳力很好。據說只要稍微偏一下頭改變耳朵的位置，牠便能正確地掌握只有 0.06 秒的聲源位置。

（下）**摸我、摸我**

唯有在100％信任的人面前，狗才會放鬆坦胸露肚。牠最喜歡讓人溫柔地撫摸腹部。

（上）給我！

不用說，這是人盡皆知的討食動作。模樣雖然可愛，也不能餵食太多。

（中）我投降了！

不打敗戰是狗的原則。如果知道對手明顯地比自己強，就要擺出安撫對手的姿勢（搔毛動作）。如此即能保持和平？

（下）對不起

垮肩垂視是反省的姿動。調皮挨罵時，你家的狗是不是這種表情呢？

一眼即可看出狗兒心情的肢體語言講座②

（上）搔癢好舒服

搖晃身體、伸出石頭舔拭、用腳搔癢，打扮得乾乾淨淨的。

（中）翻跟斗心情好

愉快地翻跟斗是心情好的證據。這是感到滿足或身旁沒有危險時常見的動作。

天氣好的時候，躺在土上，心情眞好！

（下）好像有某種味道

狗的嗅覺一流。宛如人類用眼睛看東西一樣，狗用鼻子收集各種資訊。

（上）情況可疑

狗也和人一樣，感覺危險時會想把身體藏起來。

（中）啊，好無聊！

無聊得要命。長期下來，就會變成無精打彩的狗。不妨邀牠一起散步、玩耍？

（中）挖這裡

挖洞的目的是找尋食物或寶物，或者建造一處可以躺下的涼爽地方。有時挖洞只是爲了打發時間。

（下）我比你強

把前腳掛在對方的身上是誇示權力的象徵。因此，把狗放在腹部上睡覺或讓狗的前腳掛在肩上，不經意地便傳遞出「狗比較偉大」的信息。請千萬小心！

面對狗兒舔臉攻勢，應以親情的姿態回應才對

假日的早晨，正想：今天多睡一會兒；但是，愛犬就會跑過來舔臉道：「早安，已早上了，起床啦！」狗常會這樣舔人的臉。身為飼主的你，有時會覺得很高興！但是，有時也會想說：「等，等一下！」……。例如：剛用舌頭舔過屁股，之後又來舔臉，難免讓人覺得不乾淨；而且，整隻大型犬朝你撲來，也會讓你大感吃不消。有的人就會不由得出聲：「好不容易才化好妝，這下全泡湯了」，或者懷疑道：「我的臉才剛洗，有這麼好吃嗎？」

這是狗兒的一種打招呼方法。**藉由舔臉來表達對你的感情，甚至會顯露出服從心和滿足感**。特別是對上位者更有舔臉或口部四周的傾向。

因此，縱然你對被狗舔感到不自在，但是，輕率地拒絕也是一項問題。因為**對狗**

而言，你正拒絕牠的感情。

如果討厭被狗舔臉的話，就請儘量蹲低身體貼近牠的臉，讓牠舔你的手。被牠舔時，絕對不可叱罵：「骯髒！」只要立刻洗手，就沒有衛生方面的問題。

另外，如果外出前不想被狗舔的話，就要一邊安撫道：「好乖、好乖！」一邊輕輕撫摸狗兒喉嚨下到胸前。讓牠明白你絕對不是拒絕狗的問候。

狗的問候除舔人之外，還有其他行為。最具代表性的就是「飛撲」。你回到家的時候，狗會用身體表達喜悅向你飛撲而來。這是牠熱烈表達「好高興！真的好高興」的親愛之情。

據說狗如此飛撲而來的動作，原本是小狗向母狗招呼要飯吃的動作。既然如此，這是群居生活的狗所不可欠缺的習慣，和舔人一樣輕率拒絕會造成問題。雖說如此，你的衣服會弄髒，如果是大型犬的話，可能會被推壓；所以，很危險也是事實。以下介紹不讓狗飛撲而來，一樣能接受牠的感情的辦法。

首先是禁止牠飛撲而來。如果你的狗已學會「坐下」和「等一下」的話，你就在牠快要飛撲之前下令牠「坐下」要牠「等一下」。如果你的狗兩者都還沒有學會的

話，有一種方法是在牠飛撲時轉身面向牆壁，直直地站立。

剛開始時，狗也許會撲向你的背，不久之後，一旦興奮的情緒稍退，牠應該就會安靜下來。這時，你就利用這一瞬間轉身讚美牠。過一會兒，狗就會**明白「只要我乖乖的，主人就會讚美我」**。

如果還沒有辦法做到這一點，而牠已飛撲而來，你就彎低身體與狗一般高，抓住狗的兩隻前腳用力握住，這種方法也很有效。因為狗被抓住雙腳會感到不舒服，所以牠會知道「飛撲過去的話，主人會生氣」而停止飛撲動作。

然而，採取這種方法時，厲聲叱責：「不行」，會有反效果。因為狗可能會認為你拒絕牠的感情。

待牠停止飛撲之後，換你要儘量彎低身體接受愛犬的問候。如果只是不讓牠飛撲過來的話，狗是不會接受的。你應該清楚表明你接受他的感情。

至於長大後仍會向你飛撲而來的狗，由於從小這麼做都會獲得主人撫摸：「這樣啊，真乖！」所以都會得寸進尺。

的確，小時候狗飛撲而來也不可能被牠推倒；而且牠纏住腳跟的模樣非常可愛，所以容易任由牠去。但是，一想到牠很快就會長大，**即使牠小時飛撲而來的模樣很可愛，也要稍微忍耐**。

人類很難忘記小時候所記得的事情；但是，狗也一樣。小狗不只是惹人憐愛，想到未來，就必須施以適當的管教。

「嗯，好舒服！」愉快撫摸的重點

●耳後

搔癢般地撫摸耳後。撫摸耳後是狗兒之間求愛的行動之一，據說有性快感。

●胸前至前腳之間

撫摸胸前至前腳之前。尤其是公狗才會有快感；據說這和交配中母狗的背與公狗的胸摩擦時感覺一樣。

●臉的兩側

沿著下巴撫摸臉的兩側。說到這裡，狗常拿自己的臉摩擦傢俱，一副舒服的樣子。

我家的小狗不自覺地高唱，原因是？

「汪～！」月夜裡響徹四方的哀怨聲。狗的叫聲有很多種，其中以遠吠最有特色。它讓人感到野性的一面。

沒錯，遠吠是自古以來狗的祖先仍是野生時代的習慣，至今仍遺留下來。一般認為狗的祖先是狼。野狼在廣大的森林和草原上，透過遠吠相互交流。亦即，遠吠是告知親密伙伴自己的存在，同時也是呼應對方發出的信息。

「啊嗚～！（我在這裡！你在哪裡？）」

一匹狼透過遠吠傳送信息，伙伴們也不知從哪裡，以遠吠回答：

「哇、哇嗚～！（喂！我在這裡。馬上過去！）」

若將一隻向來群居生活的狗或狼關起來的話，牠必定會遠吠，這是個性使然。

又，自古研究者為捕捉小狼而模仿遠吠，也再次證明遠吠是一種多麼重要的溝通手段。

由於這種行為如此重要，不久狼聽到遠吠之後，也會反射性地遠吠起來。這種習慣，現代的狗也完全承接下來了。

有一種顯示此結果的有趣現象。

「我家的狗會配合貝多芬的九號交響曲唱歌。」

介紹愛犬的電視節目常會出現這種狗。配合著擴音器播放出來的音樂，發出「嗚~、哦、哦~」地宛如唱歌的聲音。到底這是怎麼一回事呢？難道狗最喜歡音樂了嗎？

這種現象絕不稀奇。有的狗會配合三味線（日式三弦琴）、口琴和鋼琴等唱歌，最近甚至出現配合主人演歌卡拉ＯＫ唱歌的狗。

另外，除了音樂之外，有的狗聽到警車或消防車的警笛聲、市公所督導孩童回家的廣播也會跟著唱和（此時，一般認為牠回應的是背景音樂童謠「夕陽啊、小夕陽~」……）。更獨特的是，據報告指出：寺廟裡的狗會隨著誦經聲唱和、神社的狗

合跟著結婚典禮時的祝詞唱和。**說不定你的愛犬正是「天才歌唱犬」呢！**

看到愛犬這麼可愛的模樣，你一定會喜出望外地以為：「我家的狗真有音樂才華！」但是，隨便唱和的狗只是誤將背景音樂當成是伙伴間的遠吠罷了。唉呀呀！原來牠們拚命地回應同伴們的遠吠，不過是空盪盪的熱唱罷了。

狗的聽覺領域和人類幾乎相同，據說大致上都是八又二分之一音階。在這個範圍內的感受都是非常正確的。

因此，**那是對人類聆聽的音樂直接的反應**。當然狗反應的聲音比較像遠吠，不過，其標準也因犬種的不同而有些微的差異。因此，有的狗只對貝多芬的音樂裝腔作勢、有的狗則只對警笛聲有反應。

據說有的狗只對特定的合唱曲有反應，對同一合唱團所唱的其他歌完全沒有反應。但是，有一次，狗對某新歌很有反應，驚訝的飼主一調查，發現那首歌使用了和以往有反應的曲相同的弦律，可見狗的聽覺相當微妙。

人們誤以狗會唱歌。即便如此，也不能太快因牠們沒有音樂素養而失望。一般認為人類頭腦的最深處擁有一音樂領域；但是，我們不能斷言說狗沒有此一音樂領域。

大致上，雖是本能行為，但是狗仍舊會遠吠；所以**也許狗會覺得遠吠讓牠心情變好，又能排解壓力**。

假如狗覺得不舒服的話，牠一定不會遠吠，一定會悄悄來到無聲的地方或發出怒吼。既然牠們不會做這種事，心情好時才會遠吠；所以，不妨認定狗也有對音樂的某種了解，聽到音樂後呈現放鬆的心理狀態。

如果你的愛犬會隨著音樂唱和的話，看起來是多麼有趣又令人快樂呀！可能有時候還會和你一起合唱哩？但是，也不能因為這樣，就強迫牠唱歌。因為人類中也有人不喜歡唱歌的呀！

有那麼好玩嗎？喜愛挖洞的理由和對策

狗常挖洞。很多飼主家裡的花壇被狗挖了個洞，甚至連好不容易栽培的花也泡湯了。有些狗連水泥地也不放過，仍舊拚命地想挖洞，不是嗎？

狗之所以這麼愛挖洞，原因在於牠們祖先的行動。當狗的祖先還是野生動物時，挖洞是狩獵重要的手段。

勺角形的大型動物另當別論，獵食兔子、狐狸和老鼠等時，狗會先扒土，趕出其下巢穴內的獵物。這種習性至今仍流傳下來，所以狗非常喜歡挖洞。附帶一提地，現今㹴犬等獵犬仍舊會挖洞，把獵物從巢穴裡趕出來。

另外，狗還有其他挖洞的理由。野生生活中，食物不一定永遠豐富。為此，多餘的食物就必須挖洞埋入以保存起來。現在，有些已經吃飽又有多餘食物的狗，還是會挖洞想把它藏起來。不只是食物，有些狗還會埋下自己喜歡的玩具；牠認為：**「現在不想玩了。但是，以後可能會想玩，所以先把它藏起來」**。可是，也有**埋了之後，卻把它忘得一乾二淨的笨狗**；這真令人哭笑不得！

另一方面，挖洞也有消除壓力、使心情煥燃一新的效用。因此，一開始就制止牠也是問題。但是，又不能讓牠破壞花壇，這時主人就替牠規定可以挖洞的地方，不妨當著牠的面埋下玩具？而且，如果牠挖你所指定的地方，你也可以讚美牠：「真厲害、好棒！」如果牠要挖不允許的地方，就制止牠。如此一來，不久之後，牠就會只挖可以挖的地方了。

如果牠挖了洞之後，你再罵牠的話，就不太有效，所以請注意。

或者就在花壇旁設立柵欄讓狗挖不到也可以。有些狗在炎熱的夏天裡喜歡挖洞躺在上面，因為那樣會很涼爽。大部分的時候，只要把狗屋搬到通風良好的地方，就能解決。

公狗抬高一隻腳尿尿有其深入的意義。

K先生的愛犬「胖胖」會提起一隻腳尿尿。我直覺地認為那一定是公狗，仔細一看卻沒有發現該有的器官。什麼，胖胖竟然是母的。據說K先生也是後來才知道的，所以才會幫牠取個男生的名字。

如此，母狗中偶爾也有像公狗抬起一隻腳尿尿的。相反地，有的公狗並不抬腳尿尿。性成熟之去勢的公狗還是會抬起一隻腳尿尿，所以，這種行為似乎和生殖能力沒有直接的關聯。

那麼，為何公狗要抬起一隻腳尿尿呢?第一個理由是公狗的生殖器朝前固定，所以容易把尿尿在自己的身上。但是，更重要的是有效採取標示行動。

狗撒尿具有顯示自我領域的功能。為此，牠會在自己領域內的圍牆、電線桿、街

樹等處撒尿，表示「**這是我的地盤！**」此時，抬起一隻腳就能尿得更高，可避免被後來的狗掩蓋住、擾亂味道。另外，尿尿的位置剛好是後來的狗鼻子的高度，所以更容易讓牠們聞味道。再者，撒向電線桿的明顯位置，一方面容易讓其他的狗注意，同時自己也不容易忘記曾在哪裡做記號。

由此，即可認定公狗才會提起一隻腳對著電線桿撒尿。

公狗的這種舉動不是與生俱來的。剛開始不分公狗或母狗，一律都是蹲著尿尿的。在出生後七～十個月相當於人類的思春期中，小狗好不容易才會抬起一隻腳。如果在這段時期沒有學會抬腳的話，以後連公狗都是蹲著尿尿的。而且，**尿管有石頭罹患尿道結石的話，有時會腰痛而無法抬起腳**，此時必須送醫治療，請注意！

狗還有另一項關於排泄的大特徵。就是狗大便後會用後腳扒地面好幾次。尤其是公狗更是熱心。

如果是在土上扒地的話，我們可以判斷牠想藏住大便；但是，無論是水泥地或其他地方，牠們都會採取同樣的行動，這到底是什麼意思呢？

其實，關於這一點的有力說法是標示行動之一。狗的汗腺在腳趾間，於是，透過扒地面的動作，除了大便的味道之外，再加上汗水的味道，更能提高顯示自我領域的效果。

又有一說是，認為意圖顯示視覺效果。狗在自己的糞便周圍扒土或草，不只是利用味道標示「這是我的地盤」而已，牠還要在視覺上烙下印記。換成是水泥地的話，效果令人懷疑，但是如果是自然狀態的話，就會有應有的效果。

兩者的說法何者正確呢？或者兩者均有呢？真相只有問狗本身才會知道；不論如何，大便後的狗行動一定和標示有關。

有些狗對於糞便會採令人困擾的行動。亦即，有的狗會吃自己的糞便或散步時發現其他狗的大便。這種行動稱為「食糞症」，原因可能是成長期旺盛的食慾所引起的行動或太無聊，在好奇心的驅使之下所做的，或者是想引起飼主的注意、要求他「多照顧我！」

不論原因是什麼，這都不乾淨，務必禁止。為此，小狗大便後，主人應立刻處理。為灌輸狗「大便很髒，不能吃」的觀念，飼主可以在大便上撒辣椒醬或胡椒等狗討厭的東西，這也不失為一個好方法。

撒尿是味道的名片

還有，當狗為引起主人注意硬要吃大便的時候，如果你還大吵大鬧的話，會有反效果。應該要穩定、簡短地叱責牠：「不行！」

立刻伸出舌頭哈、哈地吐氣是不是生病了？

「媽媽，不得了了！小蘇菲生病了。你看，牠伸出舌頭哈、哈地吐氣，好像很痛苦的樣子……」

某位人家的女兒拚命地對她媽媽如此訴說著。希望媽媽能帶心愛的小狗蘇菲去醫院檢查。不論媽媽怎麼解釋：「這不是生病」，女兒都不肯聽。

母親正不知如何是好時，父親剛好回來了。父親對女身說：「妳不用擔心。這和人類流汗的情況是一樣的。」

沒錯，炎熱的日子裡，狗伸出舌頭哈、哈地吐氣，相當於人類流汗的原理。目的在於調節體溫。因為狗的汗腺非常少，除了腳底以外，其他部位都沒有汗腺。因此，人類可從廣闊的身體表面排汗急速散熱，但是，狗就辦不到了。因此，為代替流汗，狗才會張大嘴巴伸長舌頭，**哈、哈地激烈呼吸，藉以發散體內的熱氣，調節體溫**。當然，這不是生病。**相反地，如果狗辦不到這一點的話，就是危險的訊號**。視情況而定，有時還可能面臨生命的危險。

當您發現家中愛犬哈、哈地吐氣時，請設法讓牠多喝水。恰如人類大量流汗時須補充水分一樣。

但是，為什麼狗的汗腺少呢？原因可能是狗的祖先主要居住在寒冷地區。狗由狼漸漸進化而來的時期中，均居住在寒冷地帶，如何保護身體禦寒比降體溫更重要。為此，我們可以認為牠們的身體被厚厚的被毛覆蓋，汗腺反而慢慢退化了。

現在的犬種中也出現了被毛不那麼厚重的品種。但是，我卻沒有聽過狗因此而使汗腺復活。台灣的夏天相當酷熱。**狗比人類更怕熱**，所以主人應該多方設想為牠們建造涼爽的居所。

經常保持光亮，狗的鼻子就是最簡單的健康指標

據說狗的嗅覺靈敏度超過人類一百萬倍。甚至有研究學者指出狗的嗅覺靈敏度超過人類一億倍。狗就是利用此一卓越的嗅覺獲得各種資訊的。亦即，和人類用眼睛看東西一樣，狗是用鼻子來看許多事物。

凡和狗一起生活的人類都知道，此一重要的鼻子經常是潮濕的。除了睡覺時間之外，狗的鼻子大多呈現潮濕狀態。**萬一狗清醒時是乾燥的話，可能就是生病或體況不佳**。另外，狗會不停地舔自己的鼻子，這樣做有利於保持鼻子濕潤的狀態。尤其剛醒來時鼻子多是乾燥的，所以牠會更仔細地舔拭。

其實，狗的鼻頭沒有分泌腺。可是，鼻子的皮膚卻有容易通過水分的構造，於是，來自身體其他部分的分泌物或鼻黏膜所分泌的鼻黏液等，鼻內水分就會出現，黏附於皮膚的表面。

那麼，為什麼鼻子是濕潤的？原因是為了徹底保持嗅覺的靈敏度。以潮濕的鼻子吸入空氣，則吸入的空氣會變成水蒸氣，連帶地也會有味道。又因味道具易溶於水的性質，所以如此一來，就能捕捉空氣中的任何分子，敏銳感覺到味道。而且，還有一項優點是潮濕的鼻子便於探知風向。為此，小狗的鼻子經常是潮濕的。

凡和狗一樣鼻子濕潤的動物，大體上牠們的嗅覺都很發達。例如，牛的鼻子也經常是濕潤的，其嗅覺也和狗一樣相當發達。

但是，牛和狗不同的是，牛的鼻頭有分泌腺，所以，牠們不必刻意用舌頭舔鼻，鼻子就會濕潤而且還會黑得發亮。

如此，體況良好時，狗的鼻頭是潮濕的；但是，體況不佳時，就會立刻變得乾燥。相反地，當狗的鼻頭太潮濕時，可能會罹患犬瘟熱（distemper）、感冒或鼻炎等；如果鼻頭褪色的話，就有荷爾蒙失調或營養不良的疑慮。由此不難斷定鼻頭正是體況的指標。因此，各位飼主務必要充分注意愛犬的鼻子狀態。

一隻西伯利亞雪撬犬VS兩隻吉娃娃，哪一方較強？

體重僅三公斤的馬爾濟斯犬，重達五十公斤以上的庇里牛斯大狗，狗就是狗。比較哪一方強，基本上以體型大者較有利。狗原本是群居動物，而族群中的領導者即由體型的大小和精神敏銳度決定。因此，相形之下，大型犬確實比小型犬有利。

現在問題來了。一隻西伯利亞雪撬犬和二隻吉娃娃在路上相遇了。「你算老幾啊！」如此一面怒目相視一面互聞味道，各不相讓。先移開視線的狗就落敗。到底哪一方較強？

簡單比較西伯利亞雪撬和吉娃娃的話，從體型的大小來看，一般人容易認為西伯利亞雪撬犬強多了。但是，其實身體的大小不過是決定領導者的要素之一而已。**如果說體型大者絕對佔優勢，那倒未必盡然**。例如，小型犬中㹴犬和臘腸犬等的支配慾強，面對大型犬毫不畏懼，具欲佔優勢的傾向。因此，小型犬迫使大型犬服從於牠的現象也不稀奇。再者，吉娃娃意外地好勝又大膽；所以也許可能會支配悠哉派的西伯利亞雪撬犬。

而且，此處的關鍵在於有二隻吉娃娃。原則上，狗群由一隻領導犬和數隻成員所組成。但是，有時只有二隻也會形成一群。當然，這二隻狗之間也要建立明顯的主從關係。亦即，在路上遇到西伯利亞雪撬犬的吉娃娃是成群行動的。

成群的一方只要能以領導者和成員間的信賴關係為基礎，就能發揮出意想不到的強大力量。狗的祖先之所以能夠克服野生的嚴苛生活，主要是因為牠們成群行動，互相幫助而生存下來的。

僅僅二隻的吉娃娃，族群還是族群。相對地，西伯利亞雪撬犬卻是單獨行動。當一隻「流浪漢」遇上狗群時，除非力量過大，否則是無法使他們屈服的。因此，從這個例子是無法斷言體型大的西伯利亞雪撬犬比較強大。由此可知群體的力量何其大，不能因體型小而看輕牠。

「任性的狗」和「溫馴的狗」，何者比較長壽？

狗有多種性格。有「我才不在乎人類說什麼哩！」的任性狗，也有一味服從「承蒙您長期的照顧」的溫馴狗。簡直就像是人生百態，現在問題來了。到底哪一種狗比較長壽呢？

稍加思考，我行我素的狗不會累積壓力，似乎在精神衛生方面似乎比較良好一些。相對地，一直溫馴服從的狗會有壓力，可能會縮短自己的生命。但是，實際上似乎不能如此簡單地判斷。

前項已介紹過了，狗原本是群體生活的動物。群體中完全是縱向型社會，深思熟慮、經驗豐富的領導者帶領其他小狗。領導者要正確、安全地引導群體，維護群體中的秩序並讓每一個成員遵守責任分擔。相對地，其他的狗要遵守領導者的指示，努力貢獻己力；而牠們的代價是糧食無虞、過著安全的生活，能夠守護家人、繁榮子孫。也就是說，雙方是基於互通有無的關係。因此，群體中的領導者要承受相當龐大的負擔。除非領導者堅定、強壯，否則成員們是無法放心生活的。視情況而定，有時也會發生攸關生死的事態。

領導者為避免族人遭遇危險，必須經常保持威嚴、提高警覺。那股壓力何等沈重，很像公司的老闆必須承受比一般職員多數倍的壓力。有時如此的負擔反覆不斷，也許會導致縮短壽命的下場。

現在的狗等於是「和人類成群」生活。但是，**有的狗就像牠是群體中的領導者一般，面對人類時也想成為領導者**。這種任性的狗在群體中時，一樣需要承受相當大的壓力。有時可能因此而縮短自己的壽命。相對地，認為人類才是領導者的狗，壓力就沒有那麼大，可以優閒地生活。因此，溫馴的狗可能比任性的狗更長壽。

當然，這是一般的說法，壽命的長短因犬種而異。所以，各位不能斷定「我家的狗很任性，所以會早死」。

小心！狗兒吵架時，人類越插手干預，越會沒完沒了

俗話說：「夫妻吵架，連狗都不理。」事實上，狗也會吵架。其中最多的是為爭奪排名而吵。

例如，先養一隻狗，後來再養一隻狗時，就容易發生吵架的情況。

S先生家中，先飼養的黃金獵犬和後飼養的博美狗就吵架了。原因是晚輩的博美狗撲向前輩黃金獵犬。博美狗咬住獵犬的腳，而獵犬就利用體型上的優勢將博美狗壓倒在地。果然，前輩的身體龐大、力氣也很強，博美狗真的拿牠沒法子。

但是，看到此情此景的S先生介入兩隻狗之間。他以為獵犬正在欺負小博美狗，於是便怒叱獵犬道：「你不對！」接著反而抱起博美狗撫摸著說：「真可憐！」

從這次搶救小博美狗之後，二隻狗就時常吵架。博美狗不斷地向獵犬挑戰。S先生每次都得仲裁兩者，真是傷透腦筋。到底怎麼變成這個樣子的呢？

引起這種事態的原因在於S先生的行動。剛開始他會仲裁吵鬧，對博美狗示好，這是S先生的不對。

原本群居的狗即使是二隻狗，之間也會產生主從關係的。向前輩獵犬挑戰的博美狗，在某種含意上，有意確認排名的順序。後來被前輩一下子摺倒，正要體認到「啊，還是前輩厲害，我只有服從前輩了」之前，S先生就已插進來干預了。

為此，便沒有機會體認排名的順序，反而讓他氣焰高漲認為：「主人比較重視我。所以，我才是領導者。再說，那隻獵犬傢伙還擺出前輩的姿態，作威作福的，真礙眼！」於是數度向前輩挑戰吵架。

為避免發生這種局面，狗兒之間的吵架，主人應該置之不理。也許有人會認為：「說是這樣說啦，但是萬一打傷了，又該怎麼辦？」因為那是狗為確認排名而產生的爭吵，**很少會使出狠招置對方於死地**。縱然吵架太激烈不能放任不理時，也應該**給領導犬留一點顏面**。

請勿因人的介入的擾亂了狗的排名順序。因為曾經發生過一起二隻狗為爭排名而

不斷激烈吵架，身負致命重傷雙雙喪命的悲劇。

狗不是天生好鬥的動物。牠們反倒是討厭爭奪、愛好和平的動物。偶爾主人一家的小孩玩摔角遊戲，有的狗還會急忙上前咬住他們。

這並非要求自己加入，而是誤以為「心愛的主人一家人正在吵架，我必須阻止他們！」有這種危機感才去咬他們。夫妻吵架時，有的狗也會採取同樣的行動。可見，狗本來是討厭吵架的動物。

有時有的狗在散步途中遇到其他的狗，也會採取攻擊的態度。這種狗大多在小時候沒有機會和其他的狗接觸，或者有曾被其他狗咬傷的痛苦回憶，沒有學會狗兒之間的交際方式而成長。

反過來說，和一般其他狗接觸成長的狗，不會突然找其他的狗吵架。

附帶說明，散步途中，狗一旦開始吵架，飼主就會慌張地想加入仲裁；但是，這是非常危險的舉動。因為這不是為爭排名而吵，而是狗太興奮了，可能因此傷害主人。

所以，在狗兒吵架之前，最好小心避免愛犬和其他的狗吵架。

儘量不要讓狗靠近其他的狗，萬一對手挑起戰火的話，你就要拉動狗繩移開愛犬的視線。如此一來，對手就會認為敵人逃走了，便不會再窮追不捨。

真的嗎？狗的世界裡也有同性戀嗎？

有的狗明明是公狗，卻追求公狗或擺出交尾的姿勢。但是，這不是因為牠是同性戀的狗。狗的社會順序是以交尾的姿勢決定的。騎在上方的狗是老大，被騎的狗就是下位的狗。亦即，公狗間的交尾動作不過是確認排名順序所採取的姿勢。話雖如此，我們也不能斷言：沒有同性戀的狗。據說沒有什麼性經驗的公狗中，也有對母狗不太感興趣的狗；所以，也許……。但是，這種事情只有狗自己才知道。

現在不立刻解決的話，就會演變成引起問題行動的三大原因

「最近，我家的巧克力動不動就亂叫，很吵。」

「我家的Marine動不動就找狗吵架。」

「我家的愛犬Lucky很快地咬住小朋友。」

如此和狗一起生活的人感覺到是問題的行動，就稱為「問題行動」。問題行動有很多種，但是其中也有非常嚴重不能放置不理的狀況。而且，若是放置不理的話，可能會得寸進尺，到時就讓你後悔莫及。那對人或狗而言，都是不幸；所以主人必須設法解決。

問題行動必有原因。因此，探查其原因是解決問題的第一步。一般認為大部分的原因是由「支配慾」、「恐懼」、「勢力範圍意識」所引起的。「支配慾」對於在群體中建立主從關係的狗而言，是極其自然的。但是，當狗面對飼主時也想成為領導者的話，就會產生問題行動。

「恐懼」引起的問題行動是因為太愛人類了，害怕離開飼主，或害怕飼主以外的人和其他的狗。至於「勢力範圍意識」引起的問題行動，則是太想保護自己的地盤，感到勢力範圍受到侵犯。以下列舉數個問題行動的實例。

●支配慾引起的問題行動例

N先生一家的愛犬謝德蘭牧羊犬CoCo動不動就咬住人的腳。而且，牠不咬主人N先生的腳，只咬太太和小孩的腳。不管主人怎麼叱責，都沒有效。

到底是為什麼呢？

狗咬人的理由有好幾種，大部分是為了顯示自己的優勢或保護自己的地盤。但是，這種情況之下，不可能是太太和小孩侵犯了CoCo的地盤。不過，我們可以認定CoCo是**「為了顯示自己的優勢才咬人的」**。

CoCo之所以不咬N先生，是因爲牠承認N先生的排名在前，是自己的領導者。相反地，太太和小孩被CoCo認爲排名在自己的後面，或者認定他們是和自己爭排名

的敵人才攻擊他們的。

現在該如何阻止CoCo咬人呢?首先,需要讓牠了解太太和小孩的排名在自己之前。為此,太太和小孩應該主動餵CoCo吃東西、帶牠去散步,做狗喜歡的事情討好牠。藉由這些行動CoCo才會明白「太太和小孩的排名在我的前面」,以後牠就不會再咬他們了。再者,萬一被牠咬住而叱責牠時,**應壓低聲音不帶任何情感地叱責牠**。

由於狗對尖銳的聲音會感到興奮,所以用女性或小孩特有的尖銳聲叱責牠的話,會得到反效果。

●恐懼引起的問題行動例

Y小姐家中的獵兔犬Cherry很喜歡眺望窗外的景色。但是,Y小姐家前是上學必經的路段,每天早上都有許多小學生經過。Cherry看到這種場面,就會激烈吠叫。甚至會持續吠叫三十分鐘直到小朋友離去,真令人頭痛。雖然牠在室內吠叫,但還是會吵到附近的鄰居。這又該如何阻止牠吠叫呢?

總歸一句話,Cherry吠叫是因為害怕。

Y小姐目前單身,沒有小孩。加上Cherry從小就整天待在家裡,不太認識外面

高興？生氣？從叫聲即可得知狗的情緒

●汪汪……因某事而感到興奮、提高警戒時所發出的聲音。另外，也用於表現高興時的情緒。

●吭吭（吭——）……訴求某事時發出的撒嬌聲。

●啊——啊——……心情好時，例如，在廣場上打滾時所發出的聲音。

●嗚——……威脅對手時所發出的怒吼聲。

●怪、怪……害怕或疼痛時所發出的尖叫聲。

●喔——喔——……野生時代和遠方伴伴連繫時的遠吠聲。

的世界。因此很少有機會看到小學生。一邊高聲談話一邊上學的小學生們，對Cherry而言，就好像是從未見過的可怕外星人。因此才會產生恐懼心狂吠：「好可怕，滾到一邊去！」

一般而言，就算發生問題行動，只要不斷出現這種情況，狗一習慣之後，大多就不會吠叫了。Cherry也只要不管牠，不久牠就會習慣小學生的行列，也許就不會吠叫了。但是如果牠仍繼續吠叫的話，就得把牠帶到其他的房間或只在那段時間拉起窗簾不讓牠看到外面的景色。

請不要忘了這個時候要調大電視機或錄音機的聲音，使牠聽不到小學生的說話聲和腳步聲。假如總在同一時間吠叫的話，其間就給牠最喜歡的玩具轉移牠的注意力，這也是一種好方法。

●勢力範圍意識引起的問題行爲例

A小姐目前和一隻叫「柏季」的約克夏㹴犬一起生活。室內犬的柏季很溫馴，不必A小姐操心。但是，還是有一個問題行動。只要客人來訪，牠就會狂吠不已，有時還會咬人。有沒有辦法改善呢？

柏季對客人狂吠是因為牠保護勢力範圍的行動高漲。牠以為敵人入侵自己的勢力範圍而**攻擊對方「這是我的家」**！尤其約克夏㹴犬非常怕生，凡是討厭的人，牠絕對不會輕易馴服，再加上個性容易興奮，所以一旦採取攻勢就會沒完沒了了。有時太興奮了，連飼主都會咬。

為改善這種行動，主人必須讓牠了解這是不好的行為。如果牠開始對客人吠叫的話，你就要發出大聲或以水槍噴水讓牠嚇一跳。藉此給牠不舒服感，同時用強硬的聲

音叱責牠。如此一來，牠應該能了解吠叫是不好的。

另外，請家人以外的朋友們扮演客人，讓狗熟悉他們，也是一種方法。先把吠叫的狗關進籠子裡，擺放在看得到客人的地方。

當然，狗還是會叫，不過等牠累了安靜下來之後，再由「扮演客人的朋友」餵牠吃東西。如此反覆下來，將牠放出籠子外後，狗不再吠叫就OK了。愛犬一定能了解客人不是破壞自己地盤的敵人。

以上介紹「支配慾」、「恐懼」、「勢力範圍意識」三者所引起的問題行動實例。但是，實際上，這些原因多半錯綜複雜交織而成。

例如，對客人或小學生吠叫的狗，可能是恐懼心和勢力範圍意識二者發生作用引起問題行動。正因如此，有時也很難解決。主人應仔細觀察愛犬的狀態探查原因，不要焦急地解決問題行動。

洗澡前的準備

耳洞要用硬而圓的脫脂棉塞住

檢查肛門周圍

洗澡的步驟

1.使用沐浴劑

2.沖洗　仔細沖洗四肢

3.潤絲

4.潤濕後再沖洗一次

5.擦乾水分

6.吹乾

DOG 2

愛犬的
嚜語、散步、接送……

能力的祕密

愚笨的狗也能被
養成聰明的狗

嗅覺竟高達人類的一百萬倍！

愛犬五感總檢查

請回想您和愛犬一起散步的情景。狗兒一定伸出鼻子到處聞來聞去。只要有空，牠應該會拚命地來回嗅聞地面或電線桿等處的味道。這時，你千萬不能生氣責罵牠：「不乖！」因為如同人類走路時以耳朵和眼睛確認四周環境，**狗走路時是以鼻子收集各種資訊的**。

據說狗的嗅覺具人類一百萬倍的能力。牠不但能聞出人類不知道的味道，還能從混雜各種味道的東西中聞出特定的味道。警犬能從許多足跡的味道中嗅出犯人的行蹤進行追捕，原因即在此。

至於狗的嗅覺為何如此發達呢？原因在於其感覺味道的細胞數量特別多。人類頂多有五百萬個細胞，而牧羊犬和布拉德猑竟有二億數千萬個細胞之多。另外，在散布這種細胞的鼻孔內黏膜上有許多皺摺，將之張開後，竟有人類的三十～四十倍之寬。為此，更容易感覺到味道。

狗即利用此嗅覺收集各種資訊。探尋獵物、偵察敵情、判斷食物能不能食用、散步時也會判斷以前是否曾來過或附近住著什麼狗。**尤其從其他狗的尿液中似乎能獲得許多資訊**。

附帶一提地，除了鼻子之外，狗還有另一個感覺嗅覺的器官。那是位於鼻和口腔根部的鋤鼻器（Jacobsen器官），據說此一器官能感知尿液中的性荷爾蒙。因此，這是和繁殖及性行動有關的器官；平常聞味道時，倒沒有那麼積極發揮作用。

那麼，嗅覺以外的器官又如何呢？首先是視覺，牠的性質似乎和人類大不相同。狗的眼睛對移動的東西非常敏感，特別是**看遠方細微移動的東西更具優異能力**。但是，看附近細小的東西，就不如人類那般擅長了。

再者，狗的眼睛雖不如狼那般嚴重分離，但依舊是左右分離，不能正確掌握深度。不過，視野非常寬廣近於二百五十度。人類的視野是一百八十度，所以狗的視野可說是相當寬廣的了。

接著說明狗對顏色的辨別度，狗分辨黑白的細胞比人類多，所以對於顏色的對比，比色彩本身更了解。

再來是聽覺。狗的耳朵非常優秀，能前後左右活動自如，就連細微的聲音也逃不過牠的耳朵，**即使是睡覺時也能靈敏地反應**。除了能捕捉人類聽力範圍四倍之遙的聲音外，還能聆聽人類聽不到的高頻率聲音。自古用於對狗發出暗號的「犬笛」也是利用此一特性。

相反地，狗的味覺似乎不若人類發達。據說我們人類的舌頭表面約有九千個感覺味道的味蕾；但是，據某研究家指出，狗的味蕾只有一千七百個左右。

由此可見，狗和人類一樣具有甜、酸、苦、鹹等味覺，卻不像人類那般敏感。尤其對澀味感覺更是遲鈍。但是，狗能分辨不同種類的水，因此，據說**牠們擁有對水有反應的特殊感覺**。

另外，分布許多味蕾的部位是舌頭的邊緣；相較之下，這一帶對味道比較敏感。

最後提到的是觸覺，這對狗來說是非常重要的。狗一被觸碰，就會血壓下降、心跳減少、皮膚表面溫度下降。為穩定情緒，觸覺扮演著重要的角色；因此，**碰觸牠是**

狗和人類的視覺如此地不同

狗的視野約250度，連遠方細些的動作都能捕捉得到。

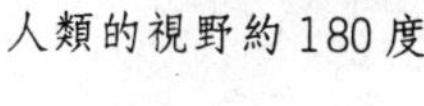

牧羊犬能看見一公里外牧羊人的手勢

但是，附近細微的東西卻不在行。

對牠最大的讚美。

狗當然會利用皮膚，牠也會把體毛和鬍子等所有部位當成感覺器，察覺四周的各種變化，這也是狗兒的觸覺特徵。

人類和狗的感官竟如此不同。

狗是模仿天才。牠正在觀察你的一舉一動喔！

時常聽人家說：「我家的狗會數數。」的確，在牠面前拿出二個球，問牠：「這是多少？」牠會「汪、汪」地回叫二聲；命令牠「拿三根骨頭來」，牠也會照辦。應該有許多人在電視上看過這種狗吧！但是，一般而言，也有很多人覺得奇怪，懷疑是飼主有給暗號，或認為狗不可能認識數字。

可是，真相似乎不是這個樣子。經過各種實驗的結果，得知**狗具有能數到五的能力**。因此，如果是太複雜的計算，那就另當別論了；像二個球和三根骨頭這類簡單的問題牠都能回答，也不足為奇了。

「嘿—狗這麼聰明啊！我們家的小黑可真是笨哪！」

千萬不能隨便地下定論。因為狗的智能據說相當於一般人類二～三歲的程度。

話雖如此，此一比較始終是依照調查人類智能的尺度所下的判斷。腦子裡有多少東西只有狗自己最清楚，再說簡單比較人類和狗也沒有太大的意義。比那更有趣的是，**狗和人類幼兒在心理方面很相似**。

人類幼兒的感受性很強，會模仿父母，觀察父母的各種反應學習待人處世的方法。同理，出生後四～八個月的小狗也會模仿飼主平常的生活習慣，例如，用餐速度；觀察飼主的反應學習行動的基準。

例如，丈夫總是不把太太放在眼裡、不尊重太太的話，**狗也會模仿看輕太太**。相反地，如果夫妻、親子、兄弟姐妹彼此體貼生活的話，狗也會模仿他們對任何人都溫柔體貼。

因此，飼主必須以對待自己孩子的心情對待愛犬。特別需要注意的是，行為舉止要做狗的好榜樣。

若想把愛犬教導成完美的狗，首先自己必須成為不虧待狗的飼主。

狗的回家本能是科學也無法解釋的未知能力

每次聽到人家說：「把狗送到離家數里遠的鄉鎮，牠竟能獨力回到飼主的身邊。」一定有很多人相信「狗一定擁有回家本能」吧？到底真相如何呢？

一九二三年八月，美國奧勒岡州夕威鎮（Silverton）一對經營咖啡廳的夫妻，帶著叫巴比的長毛牧羊犬開車到印弟安納州歐克鎮。可是，這一對夫妻竟然和巴比走失了。最後，夫妻二人找不到巴比失望地回家去。但是，半年後也就是隔年的二月，某天，骯髒且渾身是傷的巴比突然出現在這對夫妻的面前。由於夕威鎮和歐克鎮的直線距離長達三千三百公里，所以這真是驚人的記錄。

德國動物學家巴斯汀・舒密特嘗試證明狗的回家本能。他在一九三一年到隔年一九三二年間利用五歲的雜種公長毛牧羊犬，和二歲的雜種母牧羊犬進行實驗。這二隻狗都是慕尼黑郊外人家飼養的普通狗，他把他們分別裝進充滿油味的籠子裡，使牠們看不見外面的景色、聞不到味道；搭上腳踏車到處亂逛，最後把牠們放在離家六公里遠的地方。結果，狗雖然迷路了好幾次，最後還是順利地回到家。而且，第二次的實驗結果，時間用得比第一次少。

由此可證，狗確實擁有回家本能。至於為什麼擁有這種能力，詳情不明。有人認為可能和海豚一樣具感應地磁的能力或仰賴太陽移動、星座等；不過，這仍不足以完全證明。但是，就算不清楚詳情，以前狗的祖先們追求獵物遠離群體後，仍有得知伙伴位置的感應能力；這種基因現在仍保留著也是不爭的事實。

但是，**最近都市裡卻出現許多無法回家的流浪狗**。似乎有越來越多的狗不能發揮這麼寶貴的回家本能。

難道是長期仰賴人類生活所造成的嗎？或者是在這水泥、煙霧籠罩的都市裡，這種難得的回家本能發揮不了作用呢？這是需要注意的地方。

不管主人幾點回家，牠都會出來迎接狗有不可思議的時鐘

說到每天主人快回家時，就會心情浮躁、安靜不下來……，這不是指新婚的妻子，當然是指家中的愛犬。我們常聽到**精神可嘉地明白主人回家時間，高興地碰碰跳跳的狗的故事**。

一般人容易認為：「那可能是主人每天都在同一時間回家之故吧！或者是狗對主人車子的引擎聲有反應吧！」

但是，總覺得好像並非如此。F先生家的愛犬小蓉（柴犬．四歲．母）每到F先生回家時間，牠都會突然開始吵鬧起來；但是，吵鬧的時間會隨主人工作結束的時間而改變。F先生有時七點回家，有時過了十一點才回家。但是，每次F先生回家之前，小蓉就會一骨碌地從自己的睡鋪上爬起來到玄關去迎接主人。可見，牠絕不是每天同一時間採取行動的。如果因為這樣而認為理由是車子引擎聲的話，也未必盡然。因為總是開車回家的F先生，有一次搭計程車回家時，小蓉仍然表現出和往常一樣的反應。計程車的引擎聲應該和平常的引擎聲不一樣呀，但是……。

其他許多報告也指出這種例子。您的愛犬說不定也有同樣的行為。但是，令人遺憾地，我們無法得知狗為什麼擁有這種能力。目前為止，我們只能說它是「不可思議的能力」。

唯有一點可以確定的是，**狗正傾力觀察牠的主人**。既然主人是值得尊敬、信賴的領導者，狗兒們就會驅使這種「不可思議的能力」好好掌握主人回家的時間。

但是，剛剛說過狗並不是藉定時習慣來得知主人回家時間的；不過，關於其他的行動，狗好像能從經驗中得知時間。例如每天早上，狗都會在同一時間起床、同一時間叫醒主人。很多時候，狗會從經驗中學習散步和吃飯的時間，再配合該時間行動。

而且，提到狗的時間感覺，真有一套。因為曾發生過某人以為愛犬比平常早起，結果發現是時鐘壞了的狀況。

有的狗不會游泳！仔細觀察牠的運動能力。

U先生一家人和愛犬拉布拉多獵犬貝蒂一起去海水浴。當時第一次看到海的貝蒂就心生畏怯，遲遲不肯接近海灘。

於是，U先生便抱起貝蒂，硬將牠帶進海裡。他認為至少貝蒂會「狗爬式」，所以相信貝蒂當然會游泳。然而，U先生一鬆手，貝蒂就在水中不停地掙扎。一口一口地吐出水來，一副快溺死的樣子，好不容易U先生才出手相救。真相是狗不會游泳呢？還是，只有貝蒂例外呢？

從理論上來說，狗是天生的游泳好手，沒有狗不會游泳的。一般的狗出生後一個月就會游泳。游泳的方式當然是「狗爬式」。

亦即，脖子伸出水面，對角線上的前後腳連動划水。從狗的體型而言，這是合理

的姿勢，也能持續游泳相當長的距離。

不過，事實上也有不會游泳的狗存在。這並非指牠絕不會游泳，而是因為缺少游泳或親近水的經驗，精神方面有危機意識，無法應付。除身體機能有缺陷之外，大部分的狗都會游泳。倘若不會游泳的話，教導牠想像游泳的方法就可以了。

教狗游泳的第一步是親近水。讓狗在廚房或浴室裡聽水的聲音或以濕濕的手撫摸牠。如果狗不討厭的話，下次就在大木盆裡裝水，讓狗在裡面遊玩，接著再慢慢增加水量。等狗能在水中隨意地行動之後，再來就是實地訓練。

先帶狗到海邊或河畔去散步，試著將腳踩進稍微潮濕的地方。然後，再慢慢誘導牠走到深處。直到狗的腳不能站立的時候，你再支撐狗的身體。最後，狗自然會擺動四肢，開始游泳。

但是，這種訓練絕不能強制執行。萬一訓練時狗兒害怕或失敗的話，應立刻停止訓練，隔段時間後再嘗試。嚴格禁止焦急，請勿給狗兒恐懼心或壓力。另外，透過實地訓練狗兒會游泳的話，可以將球丟入水中讓牠去撿回來，加入一些遊戲性質的活動，使牠能夠快樂學習。

最近，大家都體認到游泳對人類健康有益；狗也一樣。人類和狗都能在短時間內比在陸地上更有效率地運動，也能鍛鍊肌力。**陪著平常容易運動不足的愛犬一起玩水，您也能彌補自身的運動不足，真是一舉二得。**

現在各位已經知道狗是天生游泳好手了，那麼，狗還有其他什麼運動能力呢？最不可遺忘的是牠的奔跑力。尤其是長跑能力非常優秀，有的狗和人類一起跑馬拉松還破四小時的記錄呢！

若是獵犬的話，即使整天走或跑一百公里的山路，牠也不以為意。狗有十三對肋骨，比人類多一對；還有一付大胸腔且心臟及肺和牠那小小的身體不成比例般地大；所以牠的體格非常適合長跑。

但是，平常時狗傾向於避免全速衝刺。代之而起的是追逐獵物或遊玩時，才會一口氣來一個短暫衝刺。亦即，平常時儲備能量，在緊要關頭時再瞬間爆發出來。

大部分種類的狗脊椎骨非常柔軟，所以也能在狹窄的空間靈活地活動，而且又沒有相當於人類的鎖骨，前腳和身體的關節也非常柔軟；所以遇到障礙物時，牠也可以扭轉背部趁隙跑過去。

愛犬的游泳課程

1　親近水

2　讓狗在木盆裡遊玩

3　試著踩進淺灘裡

4　誘導牠到深處，支撐牠的身體（千萬不要勉強！）

另外，狗的跳躍力也值得特別一提。因後腳的肌肉強壯，能高高地躍起，其彈跳力連排球進攻手都自嘆弗如。除了體重極重的狗和腳太短的狗之外，大部分的狗都能跳得比自己身高還高好幾倍。

至於狗能飛越突然出現在眼前的圍牆或水溝、高高跳起接住飛盤，這全拜其強力的跳躍力之賜。

這麼說來，狗的運動能力眞是太棒了。

狗會做夢，也會說夢話。愛犬的睡眠模式

看著愛犬安心睡覺的模樣，是非常幸福的一刻。睡覺時的狗有時會像奔跑一樣地活動四肢、眨眼睛或偶爾發出低吼聲。到底牠正在做什麼呢？

狗不會講話，所以我們不知道真相。但是，很多學者認為：**狗和人類一樣會做夢**。人類的睡眠有波動，據說只在某固定狀態時做夢；而狗就是以完全相同的機制做夢的。

狗的睡眠時間比人類長。**小狗一天睡二十個小時，成犬一天也要睡個十二小時**。睡覺期間並不是一直呈現相同狀態的，牠的睡眠品質會隨時間而改變。狗約百分之八十的睡眠是屬於比較淺的，其餘的百分之二十據說是熟睡。

淺眠時的狗狀似熟睡，其實牠仍然提高警覺防備敵人隨時出現。因此，此時只要人類出聲或接近牠，牠應該會立刻醒來跳起。另一方面，已進入熟睡階段的狗，透過腦部電力的變化，眼瞼下的眼球開始轉動。這和人類進入快速眼動睡眠的狀態現象完全相同。人類在快速眼動睡眠的期間會做夢。一般認為，狗應該也在這段熟睡期間做夢。

附帶說明，據說小狗和年輕的狗比成犬更常做夢。處於成長期的狗，感受性比成犬強烈，一天中發生的事情刺激到牠，也許因此而做夢。

我們人類在熟睡中常因電話聲而不得不起來，積存了許多精神壓力，漸漸地失去了集中力。狗也一樣，假如熟睡時睡眠經常受阻的話，就會呈現恍惚、情緒不穩定的狀態。而狗的性格直接反映這種情緒也就不稀奇了。

健康的基本從睡眠開始。如果希望愛犬身心健康的話，就應該充分注意愛犬的睡眠。千萬不能因牠做夢時的模樣很可愛，而大鬧妨礙牠的睡眠。

幼犬時期餵食非常重要！這是不可或缺的菜單

應該沒有人會說：我養狗卻不知道該讓牠吃什麼吧！因為只要去寵物店就能買到許多種類的狗食。

但是，約三十年前日本的狗食一般都是飯加味噌湯。當時狗食尚未普及化，而且長期以來人們都認為狗食是人類的殘羹剩餚。

如此，愛犬的飲食生活也隨著時代產生很大的變化。但是，只要人類給什麼，狗就會吃什麼。從不拒絕人類餵食、照單全收的狗，難道不偏食嗎？

關於狗的食性，有肉食性動物和雜食性動物二種說法。到目前為止，大家都知道狗原本是肉食性動物。據說野生時代狗的祖先捕食草食性動物。但是，不久狗就被人類飼養了，人類提供牠們殘羹剩餚，於是，牠們就吃了各種東西，漸漸地變成雜食性動物，這種說法似乎最自然。

成為雜食性動物的現代犬，也許當然不會抱怨吃人類的殘羹剩餚。牠們的味覺不若人類敏銳，可能也是使牠們減少偏食機會的原因吧！但是，每一隻狗多少還是有好惡的。尤其是小時候沒有機會吃東西的狗，長大後也有討厭它的傾向。

以下介紹餵食愛犬的注意事項。原本狗就是肉食性動物，所以當然必須給與大量的動物性蛋白質，不但如此，均衡供應碳水化合物、脂肪、各種維生素、礦物質等各種營養素很重要。尤其鈣質是必須礦物質，但是單獨餵食的話，可能引起骨骼異常，所以，必須考慮到鈣質和磷之間的平衡。另外，狗能在體內合成維生素C，故不必餵食水果。但是，**水是絕對不可或缺的，故不能中斷**。

一般來說，只要利用市面上的狗食，即可確保足夠的營養。

狗食依其形狀可大略分成三種。乾燥類，水分含量少，保存性高，容易餵食。半濕類是乾燥類加水軟化後的食品；相對地容易食用，所以，最適合生病無法吃尖硬食物的狗。但是，容易食用過量，故須注意。另外，潮濕類是指罐裝的狗食。這也很適合生病時的狗食用。但是，水分太多，所以想讓狗攝取卡路里時，就需要很多的數

量，成本也會增加。而且，不利保存。

基本上，凡有「綜合營養素」標誌的狗食，確實含有愛犬所需的養分；所以，只要再給狗水喝，就不需要其他的東西了。但是，同為綜合營養食品，也會因形狀和營養內容的不同而有各種種類，所以，請找獸醫商量餵食愛犬適當的食物。

有意親自為愛犬準備食物的人，不妨參考這些狗食的養分親自動手做做看。但是，這麼做需要很大的成本和努力，對一般人來說，可能過於勉強了一點。請勿因此而給愛犬吃人類的殘羹剩餚。因為鹽分太多了，對狗的心臟和腎臟負擔太大了。

再者，**嚴禁餵食愛犬洋蔥、蝦、花枝、章魚、蟹、雞或大魚骨和章香料等**。洋蔥會破壞紅血球引起貧血；蝦、花枝、章魚、蟹等會導致消化不良，是下痢的原因；再者，骨可能刺傷嘴巴和消化器官；而辛香料則會使嗅覺麻痺。甜食是導致蛀牙、牙周病等牙齒疾病及肥胖的病因，所以應該避免。

其中，有的飼主還餵狗喝酒而沾沾自喜，但是，狗並不是因為酒好喝才喝它的，牠是一心想討主人歡心才喝的，大部分的例子都是如此。酒不可能對身體好，所以也請避免。

狗食的NRC營養基準

營養素	基準	例算計			單位
	乾燥類	半乾燥類	半濕類	潮濕類	
	水分 0	水分 10%	水分 25%	水分 75%	
粗蛋白質	22%以上	20%以上	16.5%以上	5.5%以上	重量百分比
粗脂肪	5.0%以上	4.5%以上	3.75%以上	1.25%以上	重量百分比
鈣質	1.1%以上	1.0%以上	0.8%以上	0.3%以上	重量百分比
磷	0.9%以上	0.8%以上	0.7%以上	0.2%以上	重量百分比
氯化鈉	1.1%以上	1.0%以上	0.8%以上	0.3%以上	重量百分比
亞油酸	1.0%以上	0.9%以上	0.75%以上	0.25%以上	重量百分比
維生素A	5000iu 以上 (1.5mg)	4500iu 以上 (1.35mg)	3750iu 以上 (1.13mg)	1250iu 以上 (0.38mg)	1kg 中的 iu (1kg 中的 mg)
維生素 B_1	1.0mg 以上	0.9mg 以上	0.75mg 以上	0.25mg 以上	1kg 中的 mg
維生素 B_2	2.2mg 以上	1.98mg 以上	1.65mg 以上	0.55mg 以上	1kg 中的 mg
生物素	0.1mg 以上	0.09mg 以上	0.075mg 以上	0.025mg 以上	1kg 中的 mg

※除本表之外，狗食中亦含鐵、銅、鈷、錳、鋅、碘、維生素（D、E、K、B_6、B_{12}、葉酸、泛酸、煙酸、膽酸。維生素 B_1 也可以硫胺素表示；而維生素 B_2 則可以核黃素表示。

※NRC乃全美科學學院內部機構之一，美國研究委員會（National Research Council）的略稱。針對狗和貓的營養需求量，NRC所制定的基準被評爲全世界最具權威。

利用散步時間，每天愉快地巡邏
學會安全規則吧！

對和狗一起生活的人而言，每天最重要的活動就是散步。散步是狗透過適當運動維持體力、消除壓力的重要工作。連帶地，也能彌補飼主運動量的不足；所以，各位應不怕麻煩地每日帶狗去散步。

但是，散步的目的不只是運動而已，對狗還有更重要的意義。其中之一是**收集資訊**。帶狗散步時，會發現牠常鼻子貼近地面到處聞味道。狗走路時聞味道能敏銳掌握哪隻狗來過這裡？是公或是母？是年輕的或是年老的？如果遇到不熟悉的味道，牠就會仔細調查輸入新資訊。

同時，狗也會自己**發佈資訊**。公狗藉向電線桿撒尿的標誌行動留下味道。母狗還是有標誌行動；但是倘若公狗的標誌行動是強烈的自我主張的話，母狗就只是自我介

紹般輕微的程度。

磨練社交技巧也是散步的重要目的。平常不太有機會接觸其他犬種的狗，就可以利用散步的機會學習和其他狗交往的方法。第一次見面的狗兒們有時會互相聞對方屁股的味道。狗從肛門內側的肛門腺中會散發出獨特的味道，所以，互相聞味道就能輸入對手的資訊。

亦即，這是狗和狗之間的一種問候方式。同於人類互道「您好」一樣，所以不要責罵牠「成何體統」！

萬一無法進行這麼重要的散步活動的話，狗一定會**感受到壓力、精神方面出現毛病、體況惡化**。為避免發生這種情形，每天必須好好地帶狗去散步。

以下介紹幾項散步時的注意事項。**散步時間以早晨和傍晚最為適合**。寒冷的冬天可能對飼主來說稍微痛苦了一點，但是這個時間帶正是狗最容易活動的時刻。因為狗是近視眼，無法像人類那類清楚理解色彩。

所以，白天光線強，看不清四周。相較之下，早晨或傍晚光線較弱時，比較能看清事物。狗的眼睛有許多分辨黑白的組織之故。

另外，特別是夏天白天的氣溫會上升，所以汗腺少又怕熱的狗會豎白旗投降「我不行了！」即使是人類不覺得特別炎熱的天氣，但是，由於狗是貼近地面而行，所以會受到柏油的反射直擊。

根據種種理由，愛犬的散步活動最好儘量選擇早晨或傍晚進行。

散步不只是帶著狗走路就行了，還是需要應有的管教。尤其是走在馬路上時，**也有發生車禍的危險；所以更需要管教**。具體來說，最重要的是不要讓狗拉著人走。為此，必須教導牠「跟我來」。

「跟我來」是指狗和飼主以同樣的步伐走在旁邊，這在管教中尤其重要。教導這項時，須準備犒賞的食物，把握著食物的手貼住身體的一側，姿勢端正地行走。看到狗把鼻子壓住你的手，緊跟在身旁時，你就說：「跟我來」，並賞牠東西吃。這時要狗跟來的位置，請務必固定在左或右側（一般多為左側）。

反覆練習，直到沒有賞牠東西吃而牠仍會「跟著來」之後，就可以放心了。對飼主而言，這根本不必擔心被狗拉著走會跌倒；而且狗也不會置身於車禍的危險中。

但是，散步時一直讓狗「跟著來」的話，狗也會疲累。如果可以的話，不妨在半

散步具各種意義

狗和狗之間的社交

途解除「跟我來」的訊號，確保能在狗繩範圍內自由活動的場所。

有人反對連散步的時間也要如此控制狗。

但是，我們居住的地方又不是山上等毫無限制的場所，為了讓都市生長的狗能平安地渡過「一生」，這種程度的忍耐應該不算過分。

請勿錯過「陪我玩的暗示」。狗很聰明，甚至會玩躲迷藏

狗長大後仍舊喜歡玩遊戲。大部分的哺乳類動物長大之後，兒時喜歡玩遊戲的性情都會消失；但是，據說只有人類和狗例外。亦即，**人類和狗長大後仍舊保有兒時的好奇心和喜愛玩遊戲的精神**。

狗兒們的遊戲不只是享樂和排遣時間而已，還有許多功用。尤其在幼犬時期，牠們會在和母狗或兄弟追逐、互咬的遊戲中學習許多東西。例如，學習相互溝通意見、學習控制性的咬法、其他還學習日常生活的各種事物。

至於解決問題的方法、避免危險的方法、平衡感和動作的平衡也都能從遊戲中學習。可見遊戲對狗的成長是不可或缺的。

話雖如此，許多一般家庭的狗是單獨和人類一起生活的。因此，你就必須代替狗

的伙伴陪牠一起玩耍。**狗想玩遊戲時**，有幾種**表達心意的方法**；最普遍的是「鞠躬」。保持腰部和後腳直立的姿勢，上半身貼近地面般，以此姿勢熱切地望著對方，擺出往前飛撲般的小動作。

另外，咬來玩具坐在對方面前，將玩具擺在前腳之間，當對方想伸手去拿時，牠就咬起玩具逃開；這種「送禮遊戲」也是常見的姿勢。有時還會敲對方的鼻子或揮動自己的前腳。如果愛犬擺出這個姿勢時，就是「陪我玩」的暗示，你一定要陪牠玩遊戲。

和愛犬玩遊戲時，務必**由你取得主導權，不可被狗牽著鼻子走**。還有，想結束遊戲時，由於會打斷狗玩遊戲的興致，所以請你仔細琢磨轉移愛犬的情緒。

遊戲的方法很多，其中，狗最喜歡的就是「追逐遊戲」。但是，人千萬不可以追狗。因為這樣做會讓狗取得主導權，所以請務必讓狗追飼主。剛開始由你先說「跟我來」，你再跑出去；如果狗有跟來，你就賞牠東西吃。這也是「跟我來」（參考七十八頁）的練習。

「追逐遊戲」熟練之後，接著就向「躲迷藏」挑戰。你試著躲在樹後叫愛犬的名字，如果牠能順利找到你的話，就好好稱讚牠一番。但是，狗無法長時間凝聚集中力，所以最好不要躲得太遠。

另外，「拔河」也是狗喜歡的遊戲。讓狗咬住繩索，你再抓住另一頭比力氣。但是，此時最後你還是必須獲勝。因為如果狗獲勝的話，**牠就會認為「自己比較強」，想對飼主發揮領導能力，而引起問題行動**。至於「拔河」所使用的道具，則請選擇不傷害狗嘴巴的安全繩。

提到道具，狗最喜歡利用玩具來玩遊戲了。尤其是皮球，可說是狗最喜歡的遊戲了。皮球和飛盤等移動的玩具能帶給狗運動的好機會，培養牠的敏捷性。

再者，膠製、木製和繩製的啞鈴或骨頭玩具能讓狗咬，利於加強牙齒和牙齦；同時也可以代替皮球讓牠玩。

讓狗穿過「呼拉圈」跳躍或讓牠穿過瓦楞紙箱，也很有趣。不只是利用市售的道具而已，各位不妨對身旁的東西多下點心思設計一下。

但是，布偶玩具的話，恐怕牠會咬碎眼睛和鼻子的部分吞食，所以最好不要給牠玩。要給狗玩的玩具不只是狗有興趣的，也要是安全的。

這種動作是「陪我玩」的暗示

球在那裡啦！

晃動
晃動

（右）鞠躬
熱切地望著對方，
小幅度地晃動。

（中）送禮遊戲
將禮物放在前腳之間，
當對方想拿時，就咬起
東西逃開。

（左）前腳咚咚敲打
用鼻頭戳人或用
前腳輕輕敲打。

切勿勉強玩膩了的狗再玩，或奪走牠的玩具讓牠感到不安。這些舉動會引起狗的攻擊性。

帶尚未學會基本規矩（如「坐下」「等一下」等）的狗去公園玩，也很危險；所以應該禁止。

你的愛犬是急躁？或易於親近？探究性格的根源

西伯利亞雪橇犬和馬爾濟斯犬，同樣都是狗，兩者體型不同，性格也不同。狗是人類依照各種目的改良品種的動物。馬爾濟斯犬和獅子狗等小型犬多數是改良成賞玩犬的品種；布拉德灰狗和獵兔犬等則是改良成狩獵犬的品種。

另外，在日本風靡一時的西伯利亞雪橇犬，是於西伯利亞改良成拉雪橇犬的品種。正因為都是人類刻意改良而成的品種，因此，每種狗無論體型或性格都富有變化。

以下列舉代表性的犬種說明其性格特徵……。

●小型犬

馬爾濟斯犬　西元前一千五百年左右，從事海上貿易的斐尼基人帶入地中海上的馬爾它島的狗，據說是牠的祖先。純白色的長毛、臉上黑亮的鼻子和眼睛，都充滿迷人魅力。雖是小型犬，卻不神經質也不易興奮，個性易於親近。有耐心，會看家；管教較輕鬆。

約克夏㹴犬　據說這是十九世紀居住於英國工業地帶，約克夏區的工人為捕捉老鼠而改良的品種。美麗如絲綢的長毛被喻為「活動的寶石」，令人印象深刻。個性好勝、活潑，感覺敏銳。很會撒嬌，想獨占心愛的人的感情；相反地，非常怕生，對討厭的人完全不親近的傾向。

獅子狗　據說是中國宮廷犬北京狗，和西藏貴族或僧侶做為除魔犬而深受愛戴的拉薩犬交配而成的。在中國宮廷內長期以來被視為神的使者而倍受鍾愛；目前是日本極受歡迎的犬種。全身長毛覆蓋，特別是如獅子髮鬃般豐厚的臉部毛是其特徵。性格開朗、天真又活潑。自尊心強，也有絕不服從不贊同事物的頑固的一面。

貴賓狗　原本是在歐洲拾回獵人擊落的鳥的獵犬，活躍一時。現在日本常見的是小型化的迷你貴賓狗或玩具貴賓狗。提到貴賓狗，牠那獨特的刮毛方式為眾人所熟知，此乃因為打獵時一旦進水，被毛就會沾水變得不易游泳了，所以除了心臟和關節部分以外，都要除毛。由於其訓練性能高、能主動學會各種事物，故管教非常輕鬆。易親近、溫馴是其魅力所在。

博美狗　由牧羊犬或雪橇犬小型化改良而成的，因英國維多利亞女王所鍾愛而對其普及化有所貢獻。走路的姿態彷若毛線球滾動，非常有趣；杏仁狀的眼睛可愛地閃著光輝。性格活潑、坦率，好奇心強。其好奇心和惡作劇並存，反應靈敏；故一丁點的小事，牠都會吠叫。透過管教，應可有某程度上的改善。

狆　據說祖先為西藏的小型犬，奈良時代由朝鮮半島新羅國進貢給聖武天皇。江戶時代是深宮大內上流階級女性的賞玩犬，頗受鍾愛。牠那不成比例的臉型相當討喜，眼睛又圓又大，間隔頗大是其特徵。性格保守、冷靜，有氣質。

柴犬　以前似乎是相當活躍的獵犬。關於名字的由來有二種說法：一是毛色類似乾枯的草坪；另一是日本古語裡表嬌小的「Shiba」一語。體格相當結實，細長的黑眼珠很有野性。動作敏捷、活潑。對飼主忠心耿耿，有耐心；對陌生人保持距離。但是，柴犬以個性上有個別差異聞名，故必須仔細認清各別的個性。

臘腸狗　現在的臘腸狗源自於德國，被改良成獵獾犬。為易於潛入獾穴，身長腿短，連頭都變長了。最近，尤其是超小型的迷你獵腸狗最受歡迎。性格溫馴又聰明，個性會依毛質不同而異；長毛臘腸狗溫馴；硬毛臘腸狗活潑、勇敢；軟毛臘腸狗介於兩者之間。

●中型犬

達爾馬西安犬　由來有二種說法：一是埃及犬，另一是原產自舊南斯拉夫達爾美希亞一帶。不過，實際情況不明。性格冷靜、警戒心強，對飼主非常溫馴並且愛撒嬌，但是不太親近其他人。

喬喬狗　據說原為相當活躍的雪橇犬、狩獵犬；在有吃狗肉習慣的中國多被拿來進補食用。扁平的臉上帶著一對細小深邃的眼睛和小耳朵，非常有趣。幼犬時活潑、淘氣，好奇心旺盛，長大後性格趨向沈穩。

牛頭犬　古代羅馬非常活躍的鬥犬——獒犬是牠的祖先。以往被視為鬥牛犬而活躍一時，但是，英國禁止鬥犬之後，就被改良成家庭犬。咬住牛隻時依然能夠呼吸的低鼻、易咬住對手的發達下巴等容貌，均保留住鬥犬時代的模樣，個性中的攻擊性消失了，取而代之的是很會撒嬌。多少不會動，所以很少咬人或其他動物，也很少吠叫。

●大型犬

黃金獵犬　此為一直以來頗受歡迎的犬種。據說十九世紀在蘇格蘭被改良成狩獵的助手。狗如其名，一身金黃色閃亮的被毛是牠的特徵。性格溫厚、聰明。攻擊性低，很少生氣；所以能放心地讓孩子和牠玩。不適合當門狗，不會亂叫，故最適合於室內飼養。

拉布拉多獵犬　據說加拿大拉布拉多半島上拾回漁夫捕漏的魚、很會游泳的狗是牠的祖先。體格魁武、嘴巴長而方，耳朵貼在頰後垂下。性格聰明且沈穩。狀況判斷的能力優異，可自己思考、行動。

西伯利亞雪橇犬　此為因漫畫「動物的醫生」而一夜成名的犬種。原本在西伯利亞拉雪車，性格獨立心強、不太會對人撒嬌、溫和不會亂叫、不太喜歡玩遊戲。但是，端視主人如何管教，也可能變得容易親近。

長毛牧羊犬　原為蘇格蘭的牧羊犬。尖尖的臉孔和長毛是牠的特徵。性格神經質，有纖細的一面。能敏銳察覺主人的情緒。但是，基本上充滿忠誠、服從；是容易在家裡飼養的犬種。

●PS篇

雜種　嚴格說來，所有的狗在改良時都會混入幾種品種，所以也能說是雜種。但是，一般所謂的雜種是指沒有血統證明的狗。最近已少了很多了，但是仍然相當受歡迎。雜種狗種類繁多，不能一概而論。據說由於交配沒有按照人類的意思，所以比起純狗而言，更強壯、更有個性，所以才會受到大家歡迎。

以上介紹的是極少數的犬種，今後有意和狗一起生活的人，請仔細調查各犬種的特徵選擇犬種。而目前正和愛犬一起生活的人，也應仔細認識愛犬的特徵，配合其性格加以管教。

我很天眞。使狗的個性自然成長的培養方法之秘訣

就像人類有各種性格的人一樣，狗也有各種性格的狗。決定性格的最大因素就是犬種。如前項所述，狗的種類原本就是人類有目的製造出來的，所以不只是外表，連性格也會因犬種而大不相同。因此，選擇狗時，務必配合住宅環境、家庭組成或地理環境等選擇特徵最適合的犬種。

即使是同一犬種的狗，每一隻狗的個性都有差異。亦即，**即使是同父母所生的幼犬，也可能一隻溫馴、一隻淘氣**。這跟小朋友一樣，不是嗎?因此，選擇狗的時候，千萬不可以為這是符合自己希望的犬種而放心。必須仔細認清每一隻狗個性上的差異。

但是，不只是這種先天性格上的差異，也有後天因素造成的性格差異。因為狗與

生俱來的性格會隨著飼主的性格、家庭組成、環境和飼養方法等而慢慢地改變。以下介紹二則具體的例子。

一隻個性活潑、淘氣的博美狗讓渡給某人家飼養。這家主人是一位中年大學教授。子女已個自獨立，如今和太太二人一起生活。而且，這對夫妻二人都很沈靜、怕吵。為此，當這隻幼犬向主人夫婦撒嬌或吠叫道：「陪我玩！」時，就會被叱道：「真吵！」那種環境下成長的幼犬，不久個性就會變得灰澀、陰沈。

在主人面前雖然還是溫馴樣，不過，背地裡就會開始惡作劇。看起來主人的教育方法有問題。

另一個例子則是膽小、警戒心強的小狐狸犬。這隻狗被一個熱鬧的大家庭所飼養。從主人到各個成員每個人都是開朗、活潑的人，而且又很好客。幼犬剛開始會對來訪的客人狂吠。但是，不久之後，牠就會高興地搖著尾巴歡迎客人道：「啊，有客人，歡迎光臨！」

原本膽小的性格卻變成開朗、社交型。可見，這家主人付出很大的努力，以漸進的方式找機會帶狗出去接近人群，避免小狗害怕人類或其他的狗。

從這些例子看得出來，狗的性格會隨生活場所和飼養方法的不同而大大地改變。狗的性格除了與生俱來的性格之外，包括家庭環境（有沒有人和其他狗經常出入）、家庭組成（是不是大家庭）、飼養方法、外在環境（住宅或地理等環境）等要素錯綜複雜交織而成。亦即，飼主等四周人類的力量具有相當大的意義。

因此，即將和愛犬生活的人責任相當重大。**愛犬的性格隨您的飼養方法可以變好，也可以變壞**。以前狗的祖先還是野生的時代，母狗和其他的狗會傳授幼犬群居生活所需的教育。但是，現代就必須由飼主來擔任這項任務了。

也就是說，你代替愛犬的母親。有的飼主看到愛犬惡作劇時，總會將它歸咎於先天性格上的問題，**怒叱牠：「這隻狗真是傷腦筋！」但是，飼主不能因此而推卸自己的責任**。因為這可能是你將牠原本坦率的個性扭曲、改變的。這時，飼主似乎有必要捫心自問：自己的飼養方法是否出了問題呢？

如果想把愛犬培養成坦率的好孩子，首先務必熟悉幼犬與生俱來的性格，再配合其性格進行管教。

例如，開朗、淘氣的狗容易誤解人意；所以應該先讓牠好好穩定下來，再讓牠一

一地確實學習。再者，謹慎膽小的狗，在教導牠之前，應撫摸牠道：「沒關係！」使牠放心。千萬不要嚴格對待非常膽怯的狗，也不要過度寵溺挨罵還一副無所謂的狗。這樣做反而會得到反效果。

狗和人類要和睦相處，彼此的信賴關係相當重要。為建立這種關係，你要好好把握愛犬的性格，再配合其性格進行管教。

如何與隔壁的小狗立刻成為朋友的祕訣

要和第一次見面的小狗和睦相處，首先切勿凝視狗的眼睛，亦勿立刻靠近牠。視線應離開狗的身上，畫圓盤地接近牠。千萬不要突然地撫摸牠的頭，這個動作會讓狗感覺受到威脅。假如這隻狗對你搖尾巴表示友好的話，你應握住牠的一隻腳輕輕地拿到狗的面前。如果狗會聞聞你的味道、撫摸你的話，你不妨輕柔地撫摸狗的下巴。如此，你和小狗已是好朋友了。

但是，萬一半途狗不高興或對你提高警覺的話，你應該立刻知難而退。

狗最討厭孤單！外出時的注意事項

單身上班族女郎K小姐目前和一隻馬爾濟斯幼犬一起生活。這隻狗很容易親近，非常熟悉K小姐，所以無須她操心。

但是，這隻狗有一項唯一的問題，**牠討厭看家**。每天早上K小姐開始準備上班時，牠就會汪汪地叫個不停，纏著K小姐不放，待K小姐出門之後，牠還會「吭、吭」地悲傷嗚叫。有時，K小姐回到家會發現房間內亂七八糟的。到底該如何是好呢？

這種例子絕不稀奇。狗原本是群居的動物，所以牠們非常討厭孤單。這是任何年齡、種類、性別的狗都會產生的現象。尤其對人類的依賴度越大，總是對飼主撒嬌的狗，這種傾向似乎更強。

像這樣和飼主分離時會感到寂寞和無助的現象，稱為「別離不安」。因別離不安而感到壓力的狗，會引發嗚叫不停、破壞房屋、到處撒尿和拉屎等各種問題行動。因此，本來有人能陪牠是最好的啦，但是，應該不可能有這種情況發生。所以，還是必須訓練愛犬能夠好好地看家。

要解決別離不安所引起的問題行動，首先必須仔細確立你和狗的信賴關係。多數感到別離不安的狗，有人說牠們是因為還不習慣主人是領導者的緣故，所以才會**不安地認為「主人會不會一去不回呢？」而引發問題行動**。為避免陷入這種情況，飼主務必得成為狗值得信賴的領導者。

另外，設法讓狗理解到「看家不算什麼！」也很重要。外出時不要驚動到牠，不要告訴牠：「對不起，我馬上回來！」儘量裝成一副沒事人的樣子。

剛開始時，外出時間要縮短立刻回家。因主人外出而大吵大鬧的愛犬，眼見主人一分鐘左右就回來，牠就會鬆一口氣：「沒什麼嘛，根本不必擔心。」如此一來，下次再從五分鐘、十分鐘、三十分鐘……地慢慢延長外出時間。只要有耐心地持續下去，以後愛犬就不會介意看家了。

再者，和外出時一樣地，回家後也不要太驚動愛犬。回家後，愛犬以喜出望外的態度奔向主人時，有的人會出聲說道：「你寂寞嗎？對不起讓你擔心了！」我不欣賞這種作法。因為讓狗了解到外出和回家不是什麼大不了的事，是極其自然的，這是很重要的。

另外，外出時家裡變得一團糟時也是一樣。誇張地叱責或嘮叨不停，反而會有反效果。因為愛犬可能會高興地心想：「哇——，我終於引起主人的注意了。」結果反而會得寸進尺。

外出時儘量保持和你在房間裡生活一樣的狀態。打開燈光、電視和CD等，或在房間裡撒上你經常使用的香水。這樣一來，狗應該能夠相當放鬆。當然，每天要上班總不能保持這種狀態，所以狗一旦習慣之後，就請慢慢地減少燈光或音量。另外，外出前給狗牠喜歡的玩具也是一種好方法。

狗討厭孤單不只是看家的時候而已。牠們希望能永遠待在人類的身邊。

把狗養在室外時，**狗屋儘量放在人多的房間旁**，儘量讓牠接近家人。即使把狗養在室內，也不要讓牠孤單獨處，應在家人聚集的房間放置狗屋、狗專用的沙潑、墊

討厭孤單的愛犬

狗非常怕寂寞。
務必把牠的住所設在人類的附近！

（左）把狗養在室外
狗屋設在家人聚集的房間旁

（右）把狗養在室內
以專用的毛毯等設置住所

子、毛毯等，把這個地方當成牠的住所。而且，要儘量多和牠說話，避免愛犬陷入孤獨的氣氛裡。

讓怕寂寞的愛犬陷入孤獨的氣氛，有害牠的精神健康。即使是分離的時刻，也希望能讓愛犬感覺到「我有一個心愛的大家庭」。

夢寐以求的甜蜜家庭！狗也主張隱私權

每個人都憧憬著甜蜜的家庭。狗也不例外。你可能會說：「但是，我們把狗養在室內，所以應該不需要狗屋吧！」那你就大錯特錯了。即使是室內犬，也還是需要狗屋。

狗屋是狗能放心、舒適的場所。**這是自己的城堡，除了睡覺和休息之外，遭遇不順的時候能有一個避港穩定心情。**因此，主人也應該為室內犬準備狗屋。對飼主而言，遇到狗討厭的客人來訪時，牠能躲進狗屋，所以應該很方便。

話雖如此，小型犬和幼犬不需要特別的狗屋。只要為牠準備能夠放心的空間即可。選擇狗可能穩定的場所放置狗專用的床、籠子和瓦楞箱就足夠了。即使只擺放狗專用的墊子和毛毯也沒有關係。

另外，當為中型犬和大型犬準備狗屋比較好時，可以在寵物店裡購買或自己製造。重點在於大小要讓狗沒有拘束感。室內無法放置大型的狗屋，至少要確保愛犬站時頭不會撞到、躺下時還有伸展空間的大小。還有為了避暑，通風良好也很重要。室內犬，冬天有暖氣驅寒，所以不用太考慮。

在此希望各位注意的是，有效地使用狗屋，相對地就需要管教。幼犬四個月大時，喊一聲「House」，牠就會跑進狗屋或找回固定位置。也許剛剛開始牠會不聽話，可是，放置狗喜歡的玩具或食物慢慢地施以管教。剛開始由你抱牠進去，多少採取一些強迫的方式，不過，千萬不可過分強迫。以往一直自由遊玩的愛犬，當然會討厭進入狹小的狗屋；所以，應該慎重教導牠避免給予牠恐懼心，直到習慣為止。

萬一狗主動進入狗屋的話，你可以說一聲：「House」並讚美牠。宛如「金窩銀窩不如自己的狗窩好」，不論對人類或狗而言，自己的家庭都是不可取代的。請務必為愛犬準備能穩定情緒的場所。

牙齒的構造

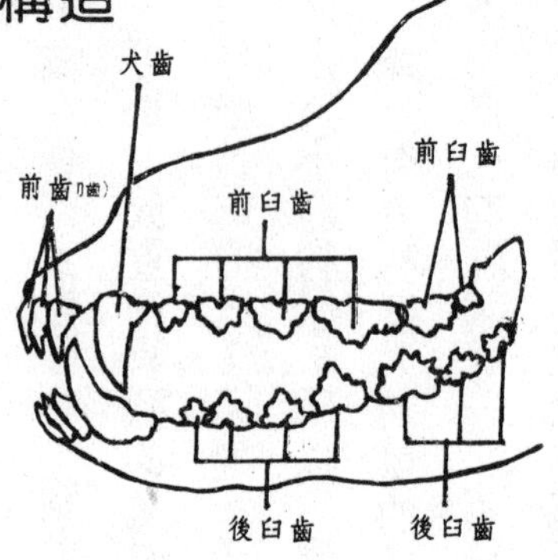

牙齒的咬合

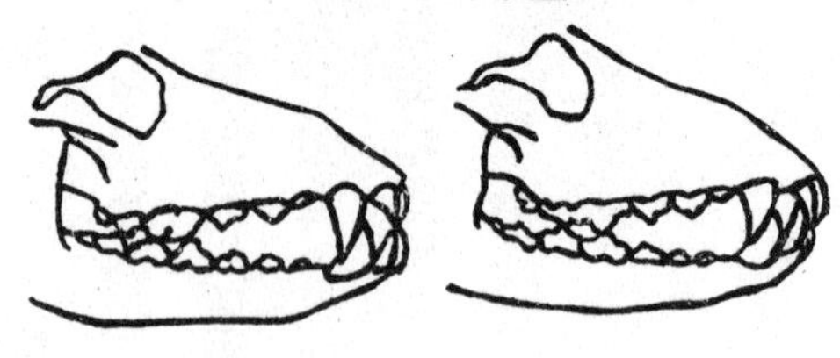

水平咬合　　正常咬合

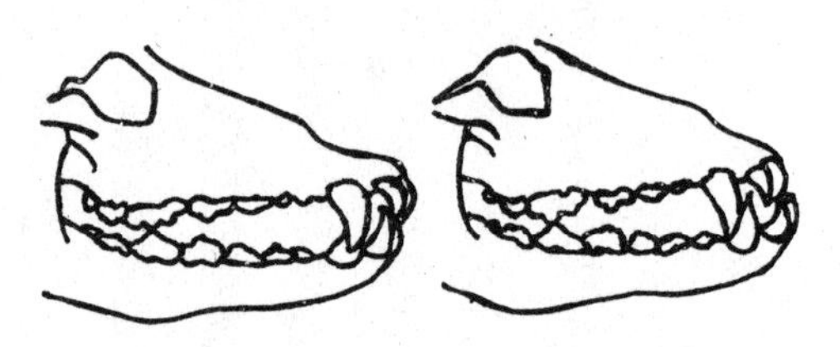

異常被蓋咬合　　反對咬合

DOG 3

愛犬的
撒嬌、嫉妒、戀愛……

深層心理的徵兆

掌握愛犬害怕寂寞
的心聲，加深
人狗之間的連繫

突然第二隻狗出現，有點生氣。遵守家內安全的大原則

「我們家的茱蒂，最近突然很沒有精神，叫牠的名字也沒有反應。以前牠很乖，很聽話；但是……」

你的愛犬有沒有出現這種症狀呢？尤其最近開始和二隻狗一起生活的家庭中，以前就一直住在這裡的狗，最容易出現這種症狀。沒錯，事實上這就是**狗的嫉妒**。以下介紹嫉妒其他狗的具體實例。

愛犬人士C先生以往一直和六歲的公柴犬「大熊」住在一起。「大熊」是一隻溫馴、坦率的狗。全家每天過著和平、快樂的日子。

但是，有一天發生了一件大事。親戚S小姐在路上發現了一隻受傷的幼犬，好像被車子輾過。所幸傷勢不嚴重，經獸醫的治療恢復了病情。但是，問題在於如何處理善後。

牠好像是一隻流浪狗，即使被帶往保健所，牠的主人可能也不會出現。再說，S小姐的公寓嚴禁飼養寵物，所以不可能飼養牠。

於是，C先生就屏雀中選了。

S小姐告訴C先生說：

「想不想再養一隻狗呢？我認為牠很適合做大熊的玩伴。」

最後，C先生決定飼養那隻狗。一旦和二隻狗一起生活，負擔也會增加，但是，想到那可憐的小狗，C先生又不忍心拒絕。

數日後，幼犬送來了。牠算是大熊的弟弟，所以命名為小熊，小熊頗受大家疼愛。但是，不久問題發生了。大熊越來越沒有精神，連以前坦率的個性也開始扭曲、改變了。現在喊牠的名字，牠也只是瞄你一眼，一動也不動。

其實，這正是狗的嫉妒。大熊看到新來的幼犬小熊受到大家的喜愛，**因嫉妒心才患上心病**。

引起這種事態的背景正是全家人對待二隻狗的態度。C先生們顧慮到小熊還小、

病又剛好；自然優先考慮到小熊。不論用餐、梳毛、遊戲順序等一律以小熊為優先。如此一來，大熊就受不了了。

狗的社會是完全縱向型社會，存在著清楚的順序制度。想到大熊和小熊的關係，先住且是成犬的大熊，理所當然是領導者。

但是，飼主C先生一家人卻忽視這條規則，把小熊當成領導者對待，結果使大熊陷入混亂之中，個性也變得相當古怪。

因這一家人輕率的行為，以致出現如大熊般鬧性子、陷入低潮，有時還會欺侮其他的狗。

為防止這種事態，凡事應以先住的領導犬為優先，讓牠了解你的感情依然不變。**不論新來的幼犬多麼可愛，突然凡事都以幼犬為主的話，就是一大禁忌**。尤其在先居犬的視線範圍內更是忌諱。

狗和狗第一次見面也是重要因素。引見二隻狗時，請充分考慮先居犬的心情。

不論先居犬個性多麼溫馴，千萬不能突然讓二隻狗一起睡。應該一邊對先居犬說：「這是小狗，你要好好照顧牠」，一邊慢慢引見彼此。如此明白確立二隻狗之間

我們家的狗是什麼血型？原來狗也是有血型的

狗也有血型。判定方法有十種以上，其中國際統一的是DEA系統法。

依紅血球的抗原多寡，分為「1．1」「1．2」「1(二)」三種。其中，「1(二)」被認為可輸血給任何血型的狗；其他的可能會出現不適合的症狀，所以原則上務必輸血適合的血液。

但是，很少有因輸血造成死亡的例子，不適合的症狀多為身體搖晃彷佛貧血、嘔吐或泄血。

的順位。

但是，隨著幼犬的成長，二隻狗之間可能會出現逆轉順位的情況。

亦即，不久之後，後來的狗可能取代先居犬變成領導者。

遇到這種情況，飼主也應承認二隻狗新的關係，這次必須先對待新的領導者。否則，也許下次就換新的領導者變得性情古怪了。

最重要的是，人類也應好好遵守狗的陋規。那是和平維持狗社會的秘訣。

「讚美我，讚美我！」請以溫暖的心和正面的思考管教

「這孩子考試只拿到二十分，這在搞什麼？」

「媽媽們，千萬不可以這麼罵他。與其責罵孩子，不如讚美孩子。讚美較有效。這不是很棒了嗎？之前的考試，他還拿〇分呢！……」

讚美孩子是基本教育，管教愛犬的時候，讚美是很重要的。因為狗是喜歡被讚美的動物。長期過著群居生活的狗，一向服從領導者的命令行動，但是，後來即使和人類家庭過著群居生活，也會保留這個習慣，**因為被領導者或排名在上的人讚美的話，牠就高興得不得了了**。

管教愛犬時，應該好好利用這個性格。馬戲團中表演特技的熊、獅子和馬，在精彩的表演之後，都會得到食物。牠們能從中體會到人類很喜歡牠們的表演；下次也會全力以赴，以領取「犒賞」的食物。但是，給狗最好的「犒賞」就是讚美牠。狗受到讚美會比得到食物更高興。

因此，**讚美牠時動作要比責罵牠時誇張三倍**。不只是用語言讚美牠，撫摸或輕拍牠的全身將更具效果。人稱伏鯊先生的畑正憲先生，以誇張地稱讚動物「好、好」的姿態而知名，如果能像他那麼誇張的話，狗會相當高興。

但是，為了讚美也必須讓牠達成目的。即使想讚美牠，但是，考試的分數從一百分掉到零分，這樣也無從誇獎起。

管教時，剛開始先給牠簡單的課題。從會做的部分開始慢慢地向困難部分挑戰。

例如，從未經過「坐下」訓練的狗，就算突然叫牠「坐下」也不可能辦到。首先要輕拍牠的腰，利用食物和玩具吸引牠的注意，即使是偶然也沒關係，只要讓牠坐下。接著再大大地讚美牠。

狗剛開始會不知道為何被讚美，不過，如此反覆數次之後，牠就會明白是因為牠「坐下」而被讚美的，不久應該能主動「坐下」。

如此，實際的管教，有時也可以使用食物或玩具。尤其是管教出生後不久的狗或

收養不久的狗時，剛開始只有讚美，牠可能很難聽話，所以可以犒賞牠。此時，如果牠表現很好的話，你就一邊餵牠吃東西一邊撫摸牠的身體讚美牠：「好，很棒！」不久，慢慢地不用食物只要讚美，牠應該就會聽話了。如果繼續餵牠吃東西的話，不久狗不吃東西就什麼也不做，所以請小心。

但是，縱然狗很喜歡被讚美，但也不是什麼都能讚美的。牠們犯錯時，必須刻不容緩地責罵牠們。

此時務必叱責道：「不行」「不可以」。不只是用語言叱責，若再加上揮手的動作就更加有效了。但是，千萬不可施暴，那只會使愛犬更害怕而已。

有時隨狗的性格及當時心理狀況而定，叱責反而會得到反效果。如果是開朗、淘氣的狗，某種程度嚴厲地叱責就沒有關係；對待膽小的狗就應該輕輕叱責；如此配合狀況才是重點。須簡短叱責，千萬不可嘮叨不休。

另外，**讚美時可以喊狗的名字，但是叱責時則不可喊牠的名字**，這是祕訣。叱責時叫道：「約翰，不是說不行了嗎？」愛犬就會把自己的名字和挨罵連接在一起，而討厭被喊到名字。

對狗而言，「讚美」就是最好的犒賞了

（左）不行　叱責

嘮叨不休
惡作劇時應當場立刻叱責。切勿喊牠的名字。

（右）讚美

積極做了一件微不足道的好事也要積極地讚美牠。

原則上，**不論是讚美或叱責都應當場進行。就算之後讚美或叱責牠的話，狗就不知所云了。**

讚美時當然不用說啦，叱責時也要充滿感情。千萬不能在盛怒之下，一時感情用事地嚴厲叱責牠。這和人類幼兒一樣。

「不聽話」其實是聰明狗的學習暗示

「我家的莎莉真是一隻笨狗。一點都不聽話……」

有人會這樣罵愛犬。但是，請稍等一下。莎莉真的頭腦不好嗎？**一般人認為「不聽話的狗＝笨狗」，其實未必盡然。**

有這樣的例子。主人想帶愛犬出去散步時，愛犬突然跑進狗屋，任你怎麼喊叫牠都不出來。主人心想：「真是一隻笨狗！」但是，愛犬的內心不是那般單純的。這名主人每次出去散步，都會穿散步專用運動鞋。相反地，上班時都會穿皮鞋。但是，此時不巧運動鞋剛洗，所以只好穿皮鞋去了。愛犬看到皮鞋以為：「哼，根本不是要去散步，真無聊！」便躲進狗屋不肯出來。

只看到主人的鞋子就能判斷是不是要去散步，這隻狗真聰明。

狗的世界是否有「父子親情」的存在？

公狗對幼犬好像沒有什麼特別的感情。被視為狗祖先的狼，以強烈的父子親情著稱。想不到，狗卻沒有這種牽絆；實情似乎是狼奉行一夫一妻制，而狗卻不同。既然一個一個地換配偶；也許卻因此而無暇照顧自己的孩子？

但是，母狗似乎很清楚孩子們的父親是誰。這從其他狗接近剛出生不久的幼犬身邊時，母狗會提高警覺追趕牠；但當牠的父親接近時，就毫不在意這件事可推測得知。

如此，頭腦好的狗不只學會你所教東西，有時**還能從日常生活中自我學習**。並且根據學習結果，自我判斷進而忽視主人的命令，這也不稀奇。

管教這類型的狗，附帶清楚的條件是很重要的。例如，散步時，務必讓狗看到狗繩，出聲說道：「要去散步囉！」之後，就帶牠去散步。如此養成習慣之後，不論飼主穿什麼鞋子，狗一下子就能了解：「阿，原來要去散步！」只要附帶條件夠明白，愛犬一定能成為聰明的狗。

學會四目相交，能更加深信賴的連繫

四目相交時，一切盡在不言中。這種情況在熱戀的情人身上一點也不稀奇。但是，愛犬和主人之間，這種關係很重要。

狗不會說人類的語言，所以人類很難傳達意思。於是，便以凝目注視的方式讓狗清楚確認主人的意思，加強信賴的連繫。

具體來說，**務必訓練成你喊愛犬的名字時，牠會抬起頭問你：「什麼事？」一般**。這稱為「四目相視」。四目相視是管教的基本，訓練「坐下」和「等一下」時，原則上必須先讓彼此四目相視一次。如此的管教才會更有效。

但是，麻煩的是狗本來對**四目相交就很棘手**。狗被凝視時，可能會有「被挑撥」的感覺；所以當被地位在自己之上的人注視時，也許會感到不安。遇到這個時候，我們應以特別方式的訓練使牠和我們自然地四目相視。

首先請準備好吃的食物，把它拿近狗的鼻前。接著，喊牠的名字。再來，把食物拿到自己的面前。如此一來，愛犬在食物的誘導之下就會抬頭看你的臉了。於是，你再讚美牠「好、好」，並一點點地給牠食物。每回各做數次，一天反覆教導三～四回。如此不斷訓練之後，愛犬就會覺得和你四目相視是一件快樂的事。以後即使沒有食物，只喊牠的名字，牠應該也會抬頭看你的臉。

訓練時，請注意二件事情。

第一，設法把拿食物的手擺在適當的位置以便狗和你的視線有交集。

第二，不論發生什麼事情，你都不可以蹲下來迎合狗的眼睛位置。嚴禁眼睛位置比狗低。因為狗可能會看輕你，使你無法順利訓練牠。

原本討厭被人注視的愛犬，一旦學會四目相視之後，即可證明牠和你的牽絆已經增強了。你又縮短了和愛犬之間的距離。

我是一隻很棒的狗！請不要把我當成人類看待！

背後傳來「啊，信武要睡覺了嗎？媽媽抱抱——」。這好像是媽媽帶著嬰孩走過來。微笑地轉身一看，……。什麼，是狗！沒錯，信武不是人類的嬰孩，而是一隻狗。

這種情況絕不稀奇。有很多人把愛犬當成人一般對待。像待小孩子般地和牠說話、給牠穿衣服、餵牠吃人類的食物……。我可以理解疼愛愛犬的心理；不過太過分的話，對狗本身來說反而不好。

例如，管教愛犬的時候，讚美牠的同時，有時也需要嚴厲。**如果把狗當人看待的話，不久難免會寵壞牠**。結果，牠惡作劇或不聽話的時候，你就會罵牠罵不動了！曾幾何時，也可能變得粗野，成為一隻無可救藥的狗。

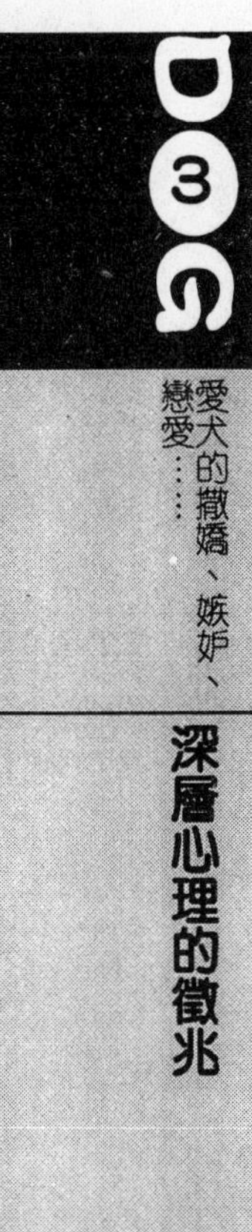

另外，狗已穿著牠身上的被毛了，牠能妥善地應付春夏秋冬四季。想不到，**刻意給牠穿衣服，反而礙手礙腳的**，也許**愛犬也會感到壓力**。

再說，夏天穿衣服很悶又不衛生；冬天穿太厚重，會喪失狗原本的抵抗力。甚至有人還為狗配戴太陽眼鏡或擦指甲油。這些作為，我不予置評，只能認為他們把愛犬當成玩具看待。

關於食物也一樣，**愛犬和人類所需的營養不一樣**。餵牠吃和人類一樣的食物，毫無意義。不但如此，狗只吃人類的食物之後，就無法確保其所需的營養了。再者，愛犬根本不需要點心時間。人類所吃的餅乾、煎餅、糕點，大多有害狗的健康。如果覺得只吃三餐不夠的話，就餵牠吃能補充營養的狗點心。

如此過分把愛犬當人看待的話，後果將不堪設想。請務必再次認清狗和人是不同的生物。

「飼主像愛犬」這種主人真幸福！

看過魚店D先生家的愛犬——雜種狗胖達的人，莫不莞爾一笑。因為那隻狗太像牠的主人了。牠的架勢十足、性子急；走過狗屋前，似乎可以聽見牠在對你說：「歡迎光臨！」

以前就常聽人家說：「狗好像飼主」，這是為什麼呢？狗是非常忠誠的動物，很像人類的孩子看著父母成長一樣，狗也總是觀察主人的一舉一動生活。猶尤甚者，狗**一心一意討主人歡心，想採取主人喜歡的行動**。為此，便強烈受到主人的影響。

例如，D先生一家為工作忙碌，都是匆匆解決三餐，結果，他家的愛犬吃飯速度也很快。另外，如果飼主較神經質且注重細節的話，狗也會神經兮兮、容易吠叫。相反地，主人優閒、與世無爭的話，狗就容易變成優閒的狗。

另一方面，有時**主人也會受到愛犬的影響**。假設有一隻狗很愛乾淨，狗屋四周稍微紊亂一點，牠就會不高興。於是，主人為避免愛犬不高興，就會勤快地打掃乾淨，否則就會過意不去。

如此一來，其實不是那麼愛乾淨的主人，倒是變成另一個人了。

再說，據說狗不只個性，連臉也會像主人。的確，面色凶惡的主人可能會飼養一隻可怕的牛頭犬。但是，這些現象又不能特別證明因果關係。只能說人類的臉會顯現其內在，所以也不能說完全無關……。

附帶一提地，貓是我行我素的動物。不像狗那樣會一直觀察主人，所以也許不太像飼主。

愛犬自然像飼主。如果因此而產生問題行動的話，就必須好好管教。連自己的缺點都像，這對愛犬未免太可憐了。只要狗和人互相學習彼此的優點，愛犬生活應該會更快樂才對。

天才？偶然？人類語言理解度診斷測驗

「現在，我要餵小不點吃飯了。啊？我們家小不點一聽到吃飯，就會很高興，原來牠懂我說的話。」這是常見的情形。有時候，狗會採取讓人類以為牠們了解人類語言的行動。牠們真的了解人類的語言嗎？

關於這一點，有肯定說和否定說。提倡肯定說的人，經過種種實驗的結果，認為：「雖然為數不多，但是狗的確明白人類語言的意思」。例如：**牠完全了解被喊過數次的自己的名字以及「散步」「坐下」「吃飯」「握手」「等一下」之類的日常常用語彙的意思**。

曾經發生過一件事，使主張肯定說的人士將之視為狗了解語言的證據。以前，有一隻被飼養在大西洋航路上的汽船上的狗，牠聽到船長和船員說：「該是解決那隻狗的時候了。」便跳進海裡逃走。

對此，多數否定派的人士主張：「狗之所以按照語言行動，不是因為牠了解語言的意思，而是因為牠明白語調。」例如，聽到「吃飯」的發音，從經驗得知那表示吃飯，所以當然很高興了。因此，我們可以說，**不說「吃飯」而改以同樣的語調說「晚安」或以「烏龜」代替「稍等」，狗都會有同樣的反應。**

另有一說認為：除了語調之外，狗還會觀察說話時主人的表情和態度，預測人類之後的行動。

再者，也有研究家將二說結合解釋成：狗多少會明白「吃飯」、「等一下」、「握手」等動作或食物相關的特定語言的意思，至於其他的語彙雖然不知道它的意思，但是卻能透過發音或主人的樣子判斷。

哪一個說法正確呢？很遺憾地，狗本身不會開口說話，所以我們不清楚真相為何。只是，不管怎麼樣，愛犬的確對自己的名字和比較簡單的單字有反應。

因此，當你說：「我們的小不點真是一隻笨狗」時，說不定愛犬會生氣喔！最好小心一下。

抱法不對的話，狗的性格會變不好。學習正確的抱法

看到可愛的狗，每個人都會想抱抱牠。擁抱西伯利亞雪橇犬等大型犬，除非是職業摔角選手，否則是件困難的事。但是，若是小型犬或幼犬的話，任何人都能輕易抱起。愛犬本身喜歡對人撒嬌，所以擁抱對狗是件好事。

然而，並非只要擁抱牠就好。愛犬的身體很纖細，如果抱法不對的話，可能會覺得痛苦。還有各位知不知道**抱法能讓狗的性格變不好嗎？**

例如，某隻狗因主人總是將牠整個攬在身上般擁抱，而變成一隻過分依賴人類的膽小狗。

另外，一隻狗因主人抱牠時將狗的前腳掛在人的肩膀上，於是變得非常任性。其實，抱狗的時候，如果狗的視線高過於人的話，牠就會誤以為「我比較偉大」，容易

抱狗的方式也能決定狗的性格？

變得任性。為避免這種情況，務必充分注意愛犬的抱法。

附帶一提地，正確的抱法是一隻手先牢牢地撐住狗的後腳和臀部下方，另一隻手支撐牠的前腳和胸前。此時，請以拇指和小指穩定腹側。

又，抱起愛犬時切勿突然將之抱起驚嚇到牠，應該一邊溫柔地對牠說話一邊抱起牠。如此一來，大部分的狗應該都會乖乖地讓你抱起。

萬一狗還是不願意而吵鬧掙扎時，不妨像輕哄嬰兒般上下輕輕搖動牠。

「公園處女秀」需注意事項

多數的公園禁止帶狗入內。那是因為管理單位擔心尚未完全管教的狗咬人或飼主不理睬狗的大小便，波及其他遊客。但是，即使是允許狗進入的公園，也不代表允許人和狗為所欲為。

首先，必須注意的是愛犬遇到其他的狗或陌生人時會非常興奮。尤其是從小沒有機會和其他狗遊玩，或接觸飼主以外的人，且尚未完全社會化的狗，更容易發生這種情形。因此，這個時候，**你應該在帶狗去公園之前，先「預演」後再讓愛犬表演公園處女秀**。

自出生後三個月起即可帶愛犬外出。之前因骨骼尚未健全，故無法讓牠走太久的路或進行激烈的運動。有的幼犬甚至會害怕尚未習慣的外在環境。

出生後經過三個月並施打預防接種之後，慢慢地帶狗外出並配合愛犬的成長延長外出時間。此時，可以請鄰居養狗人士協助製造愛犬和狗或人接觸的機會，如此公園處女秀應該能比較順利。

原則上，在公園裡也要綁好狗繩，但是，即使沒有綁狗繩也要訓練牠服從主人的命令，這也很重要。只要學會散步時基本的「跟我來」「過來」「坐下」「等一下」等動作，萬一狗繩離手時，也能應付自如。尤其，公園裡多的是不知恐懼為何物的小朋友，當這種小朋友靠近愛犬時，只要你喊「過來」或「跟我來」，牠會和主人一起移動的話，就可以放心了。

有的飼主毫不在乎地說：「我家的狗很乖，沒有問題。」然而，在多數不特定人群和狗等動物進出的公園裡，沒有人知道會發生什麼事。尚未能控制愛犬的人，絕對不要放開狗。當然，放任愛犬隨地大便或帶牠去砂地小便的人，是個失職的飼主。

看樣子，能否順利完成公園處女秀，問題不在愛犬身上，而是端視主人的態度而定。飼主也要好好努力以免被愛犬嘲笑。

在牠爲非作歹之前立刻處理

愛犬最近有點怪怪的。

F先生家的愛犬吉米是一隻四歲的公狗。吉米以前因F先生的細心管教，很聽話。但是，最近變得有點怪怪的。散步時，牠會拖著F先生跑，一旦坐上喜歡的沙發，不論你怎麼命令，牠都不聽。吉米到底怎麼了呢？

這可能是**「權勢症候群」**（α Symdrome）的典型例子。本書也再三提到，狗原本是群居動物。而且，群體中是個嚴格的階級社會，由一隻領導者統率其他的成員。為此，被人類飼養的狗仍舊需要領導者，一般由飼主扮演領導者的角色。

但是，當飼主的行為不適合領導者時，在旁仔細觀察的愛犬就會開始心想：「咦？這個人當領導者有點奇怪！」於是，便認為：**「到底誰是領導者？沒有領導者，不是嗎？沒辦法，只好由我來當領導者了。」**完全以領導者的姿態行動。

α Syndrome的「α」指的是群體裡的領導者。當領導者不值得信任時，群體內的信賴關係將崩潰。

野生族群中，所有成員均絕對信任領導者、服從其命令。但是，同時每一隻狗的心中又有一股有朝一日取代你的慾望。為此，每一隻狗都有經常確認自我地位的習慣。因此，一般家庭裡的愛犬有時會以取代領導者的態度任性行動。此時，飼主應好好地叱罵牠，但是，如果讓愛犬恃寵而驕的話，權勢症候群將更加嚴重。特別是在應該好好管教的幼犬時期，如果放縱牠不管的話，愛犬更容易陷入權勢症候群。

那麼，該如何保護愛犬免於陷入權勢症候群呢？主人必須成為值得愛犬尊敬、承認是領導者的飼主。

第一個條件是公平、一貫。如果突然改變曾禁止的事情，或因當天的心情而改變對待牠的態度的話，將使狗更混亂。

另外，成為值得信賴的飼主也很重要。必須以堂堂正正的態度避免使愛犬感到不安。亦即，**成為愛犬的「理想老大」**是很重要的。具體而言，務必遵守以下重點。

①飲食切勿配合愛犬要求，須於飼主決定的時間進食。此時，飼主必定比愛犬先

用餐。這和群體的規則相同。群體之中，領導者先用餐，之後成員才用餐。

②千萬不可讓愛犬佔領飼主的位置。當愛犬坐在飼主經過的通道或沙發時，請立刻趕走牠。原則上，應該讓愛犬明白牠只能待在自己專屬的空間。

③進出玄關務必由飼主先行。要去散步的時候，狗都會興奮地先衝出去，但是，請務必讓牠明白先等一下，出入這個區域應由領導者先行。這麼做也能避免愛犬飛奔出去遭遇不測，很重要。

④遊戲時亦由飼主掌握領導權。遊戲開始和結束的時間必須由飼主決定。雙方爭搶玩具時也不可以輸。另外，追逐遊戲時，飼主應跑給狗追，否則，狗就掌握領導權了。

⑤碰觸狗的全身。碰觸狗的身體是重要的溝通手段。自由地碰觸身體的各個部位是領導者的條件。每天請至少輕撫愛犬一次。

⑥請絕對避免暴力。狗一旦感覺疼痛或害怕，便開始不信任領導者了。

一味地寵溺愛犬，根本不是真正的疼愛牠。您應該配合愛犬多方設想並付諸實行。

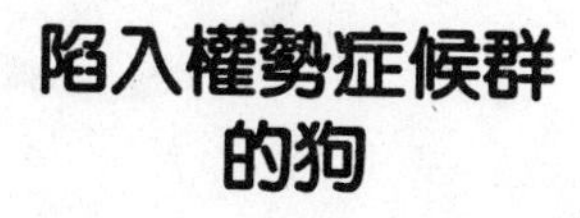

承認飼主是領導者
的狗

狗非常怕噪音
讓愛犬提起勇氣不畏懼巨響

黑暗的天空，雷電交加。轟隆、轟隆……。開始打雷時，E小姐戰戰兢兢地不知如何是好。

因為愛犬謝德蘭牧羊犬開始大吵大鬧、牠會興奮地不停狂吠，想找地方藏身胡亂抓門而弄得混身是傷。

許多狗很怕雷聲。其中甚至有的狗會畏懼得陷入錯亂狀態。有一說法認為那是**狗的祖先視雷為森林大火的前兆，感到恐懼害怕的證據**。但是，不只是雷聲，有的狗對煙火、警笛、吸塵器的聲音感到恐懼！所以，詳細的理由並未得知。不論如何，飼主都只能不知如何是好。

還有，狗的聽覺相當敏銳，連遠方的聲音都聽得到，甚至還能聽到人類未聞的音域的聲音。因此，打雷的聲音更是聽得一清二楚。

以下介紹面對這種狀態時的對策。有的主人為了讓愛犬穩定下來，**或叱罵或輕哄，這反而會得到反效果**。因為狗看到主人這樣的行為，可能會**高興而更吵鬧**。

因此，假如愛犬開始出現這種行動時，主人最好視若無睹，靜靜地等牠安靜下來。

最根本的對策就是治療聲音恐懼症。在此，推薦各位一則方法。首先把愛犬討厭的聲音如雷聲等錄成錄影帶。剛開始以小音量播放給愛犬聽。如果牠不害怕這個音量的話，再慢慢地加大音量。如此一來，愛犬就會習慣大音量而不在乎它了。

期間，給愛犬玩具玩放鬆心情，會更有效。

另外，如果牠不再害怕的話，可以賞給牠食物吃。這麼一來，聲音不再是可怕的東西了，愛犬可能認為它是愉快事物的前奏。

但是，這種方法很難辦到，有時無法立刻生效。儘管如此，仍請勿叱罵愛犬、要有耐心。因為這是狗的本能行為，治癒它需要相當長的時間。

說謊、裝病。這時狗就變成了淘氣鬼！

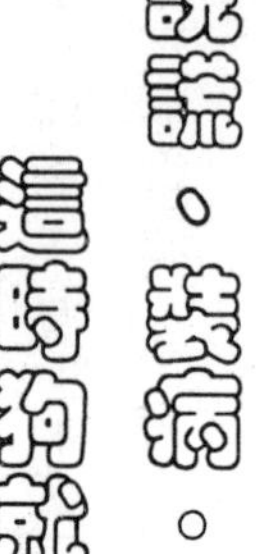

「狗和人類不同，牠不會說謊，所以，我喜歡狗！」

有人如是說。這個人可能曾被某人所騙吃虧過吧！但是，請等一下，狗真的不會撒謊嗎？

沒這回事。其實，狗會說謊。例如：在公園玩時，主人告訴牠：「回家囉！」還想再玩的狗明明聽見主人的聲音，卻還是**假裝拚命地挖洞或找東西**。另外，被主人禁止睡在沙潑上的狗，趁主人不在家的時候舒舒服服地躺在沙發上。不久主人回家時，牠才下來**裝成一副什麼也沒發生的樣子**。

狗有一種傾向，對自己有利的事物會立刻起反應，相反地，會設法逃避自己討厭的事物。說謊也是那種手段之一。仔細想想，狗最會藏食物了，也許**這也算是某種說**

謊的方式。

狗還會裝病。某隻狗肺不好咳嗽，接受治療。治療成功後，就不再咳嗽了。但是，不久之後，狗又開始咳嗽了。驚慌的飼主連忙帶牠去動物醫院；結果，一切正常。獸醫便向一副不可思議的飼主說道：「狗在裝病」。

沒錯，**以前生病時，主人會溫柔對待的愛犬認為：「如果我再次生病的話，主人一定會溫柔待我。」**於是便裝病。

這種狗裝病的例子絕不稀奇。和其他的狗一起生活，感覺到主人的感情轉移到其他狗身上時，牠也會裝病吸引主人的注意。當飼主對愛犬無法發揮領導能力或不遵守狗和狗之間的排名順序時，牠似乎也常採取這種行動。另外，也有討厭注射狂犬病預防接種而裝病的狗。

可見，愛犬比我們想像的還聰明。千萬不能掉以輕心。不過，也許狗說謊的罪孽比人說謊來得輕吧?!

「看到腳踏車就興奮不已」矯正傷腦筋的追逐怪癖！

和謝德蘭牧羊犬一起生活的A小姐，她的煩惱是愛犬喜歡追逐腳踏車。散步途中看到腳踏車朝這邊過來，牠就會使勁地拉扯狗繩，意圖撲向腳踏車。由於A小姐拚命地阻止，目前雖然沒有闖下大禍，不過還是很危險。

A小姐自以為已經很細心管教了，但是……。

不限於腳踏車，狗會追逐移動的東西是有理由的。野生時代狗的祖先會對找到的獵物窮追不捨，吃那些獵物生活。亦即，追逐移動的東西是**來自自然的狩獵本能**。尤其是狩獵犬或牧羊犬至今仍強烈保留此一習性。和飼主玩追逐遊戲或追皮球，也都是根據這種習性的行動。

話雖如此，散步途中突然追逐腳踏車是很危險的，所以必須設法阻止。因此，需

戀愛的季節來臨。請教愛犬的約會的方式！

狗的求愛行動是什麼？

發情期的母狗會開始排卵，連續出血七~十四天。這段期間，母狗和公狗會先追逐一陣子之後，停下來互相檢查彼此的身體。剛開始鼻子貼著鼻子互聞味道，接著聞對方臀部的味道。

結束這個動作之後，公狗會來到母狗的身旁用下巴放在對方的背上。如果母狗不抗拒的話，公狗就會繞到母狗的背後，開始交尾。雖然求愛行動和人類不同，不過，原來狗也有微妙的求愛過程。

要發揮壓抑愛犬的強力領導能力。首先，你應該採取適合領導者行動。而且，每天都要進行四目相視訓練（參考一一二頁）。

萬一愛犬想追逐腳踏車的話，飼主應立刻出聲命令牠「坐下」。如果還不行的話，就使用防盜器等會發出使愛犬受驚或擔心的聲音練習。請人騎腳踏車衝到愛犬的面前，瞬間發出聲音吸引牠的注意，叫牠坐下。

反覆數次之後，即使沒有聲音，牠也會坐下，那就ＯＫ了。訓練過程如何端視你的領導能力而定。加油！

拍可愛一點！掌握祕訣完成精彩的照相簿

為想拍愛犬可愛照片的飼主，介紹幾個拍照的重點。

首先，剛開始應該拍攝睡臉。突然追逐精力充沛的小狗是很困難的，所以，不妨先從各個角度拍下靜止的愛犬。設計背景和燈光，才能拍出愉快的照片。但是，閃光燈會吵醒愛犬，所以儘量不要使用。

習慣拍攝睡臉之後，再試著拍攝有動作的照片。

拍攝到處跑動的狗時，多少會失焦；不過，切勿錯失按下快門的時機也很重要。只要使用焦點鎖定器固定焦點拍攝的話，將更容易掌握時機。

另外，身邊經常擺放用慣的相機。假如愛犬露出可愛的動作或有趣的表情，就能立刻拿起相機按下快門。為使愛犬的表情更豐富，讓牠聽喜歡的聲音、給牠玩具玩，掌握愛犬富變化的表情也是一個好方法。

使用濾光片以柔焦拍攝可顯現出柔和的質感，長毛種狗，可用逆光拍攝表現被毛的美麗或以流線攝影，拍下大型犬跑步的姿勢；只要能運用各種技巧，應該就能出好片照片。

向狗和人的愉快運動——飛盤挑戰

狗和飼主能愉快遊玩的運動是飛盤。飛盤據說起源於一九七〇年代的美國，遊戲中可加深和愛犬之間的信賴，所以盛行全世界。

規則依不同的競賽團體而有些微的差異，但是，一般的規則是狗咬住人投擲出去的飛盤，以距離和咬住時的姿勢評分。其中有一種競賽方式是使用數枚飛盤配合音樂表演，宛如花式溜冰，比賽技巧的正確度和華麗度。

如果你也想和愛犬一起玩飛盤的話，首先要讓狗對飛盤感興趣。如果慢慢地玩習慣之後，一聲令下「抓住」；同時讓狗咬住手中的飛盤。

做到這一點之後，再開始正式的訓練。你先如切風般平行地面拋擲飛盤，讓愛犬追逐。當愛犬咬住飛盤之後，接著要教牠如何拿回來。

剛開始要綁狗繩，狗沒有回來時就拉扯狗繩即可。

和愛犬的距離從三公尺慢慢開始延長。

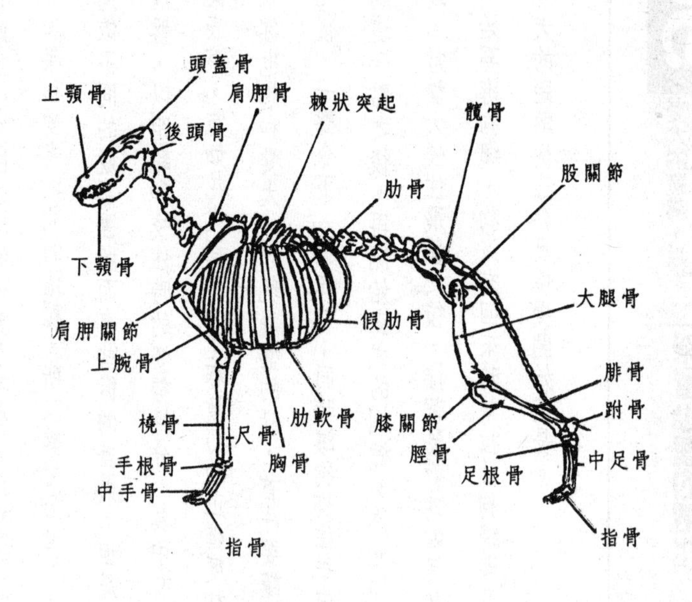
頭蓋骨
上顎骨
肩胛骨
棘狀突起
髖骨
後頭骨
股關節
肋骨
下顎骨
大腿骨
肩胛關節
假肋骨
上腕骨
腓骨
蹠骨
橈骨
肋軟骨
膝關節
尺骨
脛骨
中足骨
手根骨
胸骨
足根骨
中手骨
指骨
指骨

骨骼構造

DOG 4

愛犬的
迷路、壓力對策、
銀髮族生活

幸福的同居計劃

陪我一起
煩惱、歡笑的人
才是最佳伴侶

狗和人類早在一萬年前就開始一起生活了

現在狗是我們人類最忠實的伙伴。但是，牠們到底從何時起開始和人類一起生活呢？

距今一萬二千年新石器時代的以色列古墳中，竟發現人骨中混雜著犬骨。總覺得這個時代人類似乎已飼養狗了。一種說法是，距今三萬年前的舊石器時代，狗已寄住在人類的附近，吃食人類的殘羹剩餚了。日本很早以前就飼養狗了，約九千二百年前繩文時代的貝塚中發現了犬骨。

如此狗和人類一起生活，**主要是因為彼此都有好處**。野生犬的祖先剛開始一定遠遠地環繞人類的四周，在一旁觀察吧！人類狩獵捕捉獵物前，吃牠們的肉、利用牠們的皮和骨。狗的祖先可能也是照單全收，吃食人類的殘羹剩餚。

但是，如果只是這樣的話，狗和人類就不可能維持現在這般親密的關係。不久，人類開始感受到狗在身邊的便利了。狗發現獵物時，會遠吠告知伙伴。這對人類而言，也是尋找獵物的方便「信號」。另外，透過訓練狗，人類才知道可以將之利用於狩獵或警戒之上。於是，才開始飼養狗的。

話雖如此，這是太古時代的事情，根本沒有根據。另一種說法是，人類的祖先偶然捕捉到狗的祖先——狼的孩子，飼養牠而來的。人類將之改良成對人類有利的模樣，結果，遂變成現在狗的樣子了。

關於狗的祖先，眾說紛云。狼說、狐狼說、狼和野生犬（與狼和狐狼不同類）之雙方說較為知名，但是，最近DNA和血清蛋白的研究以狼說較有力。

狗的歷史詳情不明，但是，毫無問題地狗自古即和人類和睦相處。我們是長期的好朋友。

和狗生活的幸福效果
身心都健康

人類飼養狗的動機乃因前項所提，於狩獵等實用面有優點，這種優點在現代仍被充分活用。現在，獵兔犬和愛爾蘭撒特獵犬都是相當活躍的狩獵犬；杜賓狗和拳師狗等也是看門狗，為人服務。

另外，警犬、導盲犬、麻藥犬、救難犬等各種領域中，出現了許多幫助人類工作的狗。如果沒有這種實用的優點，人類才不會飼養狗。

但是，狗和人類的生活長期以來，又產生了現在不同的魅力。例如，狗能穩定人心。看到狗優閒地舔毛的模樣，就能消除緊張、穩定心情、放鬆情緒。而且，實驗結果顯示，它還能降低血壓。因此，尤其平常容易累積壓力的人和狗生活的話，有益身心健康。

另外，狗能帶給我們生活微笑。看到愛犬可愛的睡臉、淘氣的動作和愉快的表情，每個人都會不由得地會心一笑。俗諺云：「笑門開、幸福來。」微笑不只是我們生活的潤滑劑，健康方面也有好的影響。因此，對人生而言，微笑也很重要，而帶來微笑的狗對我們而言是多麼珍貴的寶貝。

但是，單身貴族的生活不規律，容易運動不足，對這種來說，和狗生活的效果非常良好。狗是生物，所以必須準備三餐、帶牠散步、處理狗的大小便。為此，活動身體的機會大增，可彌補運動不足。

另外，為維護愛犬的健康，必須維持一定的用餐和散步的時間。藉此計劃一天的時間表，才能度過規律的生活。尤其狗喜歡早晨和傍晚的散步，所以飼主必須注意起床和回家的時間。

實際上，生活一向不規律、身體狀況不好的人，自從和狗開始生活之後便恢復健康；沒有任何瘦身效果的女性，和狗生活能彌補運動不足、變得窈窕……等實例。

透過和狗一起生活，擴大「接觸範圍」也是不可遺忘的優點。擴大與愛犬人士的交流是極自然的，同時也增加了和其他人接觸的機會。例如，帶狗散步時，通過的人

時常會說：「啊，真可愛！」「叫什麼名字？」如此經由狗慢慢擴大和社會的交流，應可帶給你的生活意義和潤滑劑。

人類透過和狗一起生活獲得了許多恩惠，即使牠們沒有提供特別的服務，也會和牠們一起生活。現今，生活在一般家庭中的狗，大多數被當成賞玩犬，所謂的寵物飼養。目前，狗已成為我們人類生活不可或缺的伙伴。狗真是特別的動物。

但是，狗對人類有如此重要的貢獻，卻也有人討厭狗。原因，很遺憾地多數是來自狗的飼主。

「鄰居的狗亂叫，真吵！」「飼主讓牠在我家門前隨地大便」，是讓人產生討厭狗的理由。只要飼主細心管教、盡責照顧愛犬，就不會發生這種現象。

為使更多人喜歡狗、疼愛狗，各位飼主應把愛犬培養成人見人愛的真正「動物伴侶」。

這麼做不就可以向平常賜予我們許多恩惠的狗，表示謝意嗎？滿懷「愛犬、謝謝你！」的心情，你也能成為不輸給愛犬的好主人。

和狗生活可以改變生活方式

愛犬發情期

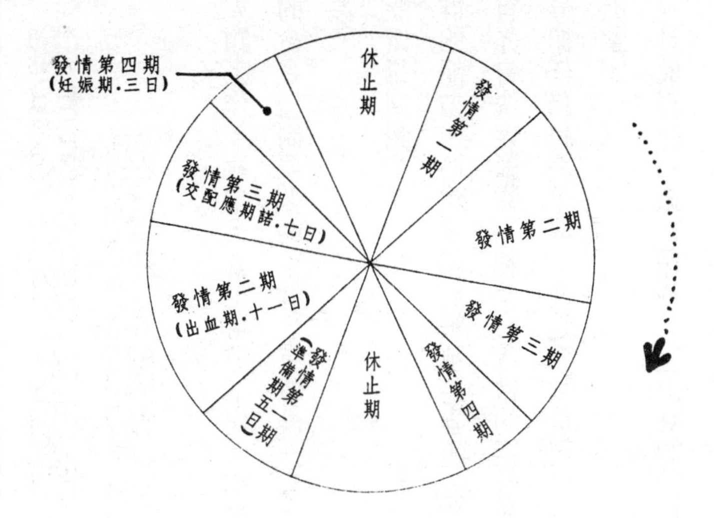

牧羊犬之所以聰明伶俐，乃因與人類合作無間所致

狗自古即幫助人類工作。牧羊犬就是這種工作犬中最具代表性的選手。自古，牧羊犬即聽從牧羊人的命令控制眾多的羊群。有時候一隻牧羊犬得面對數百頭羊群，所以，牠實在是太厲害了。

為什麼牧羊犬能做得到呢？

牧羊犬控制羊群的能力，據說是基於被稱為狗祖先的狼所具備的狩獵本能。當狼成群集體狩獵時，首先會決定獵物和牠雙方適當的距離並加以包圍。但是，牧羊犬只有一隻，所以無法分擔任務包圍羊群。於是，牠便出沒不定地到處巡邏，依序包圍所有狼隻分擔的狩獵範圍。

狼與生俱來的，具備經常和獵物保持一定距離的習性。因此，接近到某個程度之後，牧羊犬自然會移到下一個位置。如此，才能像畫圓圈般地平均包圍羊群。如果羊群太過分散的話，牧羊犬就會往前進；相反地，羊群太過接近的話，牠就會往後退，平衡地控制羊群。

有時牧羊犬會一邊追趕羊群一邊突然快跑，或者趴在地上凝目注視羊群。這也是狼所流傳下來的習性，和群體中的一隻狼離開包圍的圈圈，在獵物看不到的地方等待羊群一樣。

附帶一提地，據說即使從二百頭左右的羊群中走失了一隻羊，牧羊犬也會知道。不但如此，有一記錄顯示：以往阿爾卑斯北部，有一隻牧羊犬，即使從將近一千頭羊群中走失了一頭小羊，也會立刻發現可疑。牧羊犬何其聰明啊！

話雖如此，不管牧羊犬有多麼聰明，指揮牧羊犬的還是牧羊人。牧羊人藉著十個命令，如「停止」「往左」「往右」「趴下」「來這裡」「過來」「回來」「慢慢來」「快點」「很好」等，便可自由指揮牧羊犬。因為牧羊犬也是狗，所以，還是會好好地聽從領導者的命令。

如果希望愛犬好好聽從你的命令，首先人類必須做牠的好榜樣。

爲人類工作，狗兒值得信賴的眞面目

普通家庭和狗一起生活的人中，有人認為要狗工作很可憐。但是，狗能和人類如此親近，乃是因為彼此互相幫助而生存下來。站在狗的立場來看，拜人類之賜牠才能確保最重要的飲食。

從人類的觀點來看，狗能幫助人類狩獵和警備等工作。正因為擁有這種互通有無的關係，才會轉變成現在這般親密的關係。而且，狗很喜歡工作。受群體中眾人信賴的領導者之託工作，是一件值得誇耀又可喜的事。因此，幫助人類對牠們而言，決不是痛苦的事情。

如此幫助人類的狗中，最為眾人熟知的是導盲犬。牠們是代替盲人的眼睛工作。據說最初訓練導盲犬的動機起源於第一次世界大戰時的德國，一隻偶然和盲人同住的牧羊犬對那名盲人表達關懷的態度。日本距今約四十年前出現第一隻導盲犬。此後，經過相關人士的多方努力使得導盲犬普及化，最後終於獲得國家和法律等的認同，進而推展開來。

現在，日本全國設有八個培養導盲犬的團體，從中培養出約八百隻可獨立工作的導盲犬，相當活躍。但是，這個數字對盲人來說，仍是不足。相關人士一致認為至少需要一萬隻導盲犬。導盲犬培養緩慢的原因之一，是訓練的困難度。導盲犬接受約十個月專業的訓練，可是，能夠完成這個課程的僅有四成左右，途徑狹窄，是一條非常嚴峻的道路。

如此，導盲犬為盲人工作，不過，也有為聾子工作的狗，那是導聽犬。牠們代替主人聆聽門鈴聲、火災警報聲、電話鈴聲、茶壺沸騰聲等，咬住主人的衣袖告知。外出時，牠們會判斷後方來車和工程現場的聲音，告知主人改變行進方向。對聾胞而言，導聽犬是不可或缺的動物。

但是，導聽犬的歷史尚淺，日本在一九八二年才剛引入導聽犬。實際工作的狗也不多，社會上的知名度也不高。

據說美國早有二千隻以上的導聽犬，而且幾乎都是免費供應的。尋求各界溫暖的理解和支持，但願日本的導聽犬能早日和美國一樣活躍。

另一方面，最近頗受矚目的是陪伴犬（partnerdog）。牠們是幫助手腳行動不方便的人們，幫助人們按電梯的門鈕或拿話筒等，成為人們名副其實的「手腳」。全世界陪伴犬的歷史尚淺，日本誕生第一號是最近的事情。

一九九五年一隻名叫「葛雷德」的狗成為了幫助罹患進行性肌肉營養失調症主人的陪伴犬。牠代替無法自己移動雙腳或抬手的主人，開關門或燈、幫助主人移動。多虧牠的幫忙，主人才能獨自上、下床或在房間裡移動。

但是，培養陪伴犬的工作才剛起步，目前仍需仰賴義工訓練。現在沒有任何公家的援助，社會上的知名度也還差一大截。正因為牠是身體行動不方便者最可靠的生力軍，期待各界強力的支持。

社會大眾還不是十分理解什麼是陪伴犬、導聽犬；但是，最近對導盲犬的理解漸漸深入了，包括交通工具、商店和餐廳等都允許導盲犬的出入。但是，還是有很多地方藉口「禁止寵物進入」的規則，拒絕愛犬的進入。何況，很多人根本還不知道導聽犬和陪伴犬的存在呢！

萬一大家在路上遇到這種狗時，請忍耐不要出聲喊叫或上前撫摸。牠們正在工作，所以不可以轉移牠們的注意力，只能在一旁溫暖地守護牠們工作的模樣。

上班真愉快！「員工犬」是大家的偶像

雖說電腦公司有狗員工，但也不是指狗坐在辦公桌前打電腦。牠的工作是陪員工遊玩、緩和大家的壓力。

某著名電腦公司不只利用熱帶魚、小鳥和觀葉植物等將辦公室佈置成接近大自然的環境，甚至向寵物店要求派遣小狗扮演契約社員。這是容易累積壓力的業界才會想得出來的點子，和狗一起玩能使心情煥然一新、提高工作的創造性，頗受職員的好評。今後將面臨更嚴格競爭的公司，不妨考慮採用員工犬！

新英雄，救難犬越來越活躍了

如今，阪神淡路大地震依然留下了不可抹滅的慘痛回憶。各位是否還記得瑞士派來的救難犬呢？這些狗為搶救瓦礫下的人拚命努力的模樣，深深感動大家的心。

這種救難犬在日本還不十分普遍；但是，在外國卻已相當活躍。

一九七六年的夫里奧地震、一九七七年的布加勒斯特地震、一九八〇年的阿爾及利亞地震、一九八五年的墨西哥地震、一九八八年的亞美尼亞地震、一九九九年的台灣大地震等，許多救難犬活躍其中搶救了許多條人命。

救難犬的工作是搶救災難現場埋在瓦礫底下的人們。線索是人的體味。相較之下，警犬是事前得到犯人等特定人物的味道追蹤他們的行蹤；可是，救難犬卻要從一無所有中漠然地尋找人類的味道。當發現埋在瓦礫下的人時，牠就會吠叫或抓東西以明顯的方式告知訓練員。

一般而言，生存者的味道比死亡者強烈，所以，發現生存者時的反應也比較激烈。另外，救助活動一般以三隻狗為一組進行。因為即使一隻狗沒有發現，其他的狗也會發現。

人們意外地被矇在鼓裡，阪神淡路大地震也出勤了日本救難犬。富山救難犬協會的三隻狗連同六名隊員一起從事救災活動。日本對救難犬的組織很落伍，始自地震的數年前。但是，以地震的救助活動為契機開始慢慢提高知名度，數量也慢慢增加。現在，全國培養救難犬的團體將近十個，許多狗都在那裡接受嚴格的訓練。犬種在日本多是拉布拉多獵犬。

另一方面，由於瑞士的訓練人員多是義工，所以聚集了各種飼犬，好像連小型犬也會鑽進瓦礫底下活動。

救難犬今後將在各處的災難現場活動，愛犬的活動空間又多增加一個了。牠們一定會很高興，因為牠們又可以幫助牠們最喜歡的人類了。

狗是爲人類治病的「名醫」

話題有些唐突，以下介紹驚人的調查報告。

美國公共衛生學教授，同時也是心理學者的朱帝斯・西蓋爾博士，曾以約一千名老年人為對象進行調查，結果顯示有飼養某種動物的人，比沒有飼養任何動物的人看醫生的次數少。亦即，動物扮演著醫生的角色。

不僅是老年人，同樣是美國精神科醫生的麥克・馬可羅素博士，曾以罹患心臟病、腦中風、糖尿病、癌症、胃潰瘍、更年期障礙等疾病，而引發躁鬱症的患者為對象進行調查，結果發現大多數患者透過動物可以獲得安心感，產生戰勝病魔的意志力和自己仍被需要的自信。

根據這項資料，博士在書中也寫道：凡罹患慢性病或身體有障礙的人、為憂鬱症所苦的人、感到寂寞或孤獨的人、陷入無力感或絕望的人，透過和動物交往有助於恢復健康。

狗在這些動物之中似乎特別具功效。事實上，美國的醫院正進行狗的療法。

某復健中心正實施透過人和狗的接觸，促進患者恢復機能的計劃。當訓練手腳機能時，就讓患者和狗一起走路、為狗梳毛和洗澡。透過這些活動，患者就會積極地著手進行復健工作，更早恢復健康。另外，某小兒科病房聽說也曾發生一個病例，義工一直帶著小狗拜訪小朋友，互相交流之後，進行胃部手術之後不吃食物、身體衰弱的小朋友看到狗的臉就精神百倍地、很快地就恢復健康。再者，報告指出：洗腎中心讓狗陪伴在洗腎中的病患身旁，減輕病患的痛苦有助於治療效果。

病患不論肉體或精神方面都處於不穩定的狀態。其中，透過和狗的交流，心情才會放鬆、積極。

看到愛犬天真地向自己顯示情感的模樣，病患心理就會想到：「我還是被人依賴的，非得振作不可！」如此以堅強的心情克服病魔。因此，也許我們可以說，狗是為人類治病的「名醫」。

標榜人和動物共生的接觸運動「CAPP」是指？

我們都知道人和動物的接觸能緩和人心、改善身心健康。其中，受人矚目尋求動物和人接觸局面的義工活動是CAPP（Companion Animal Partnership Program）活動。

這項活動主要是由學習世界獸醫學，以透過獸醫學貢獻社會為目的活動的獸醫師團體、日本動物醫院福利協會參與。

在會員獸醫師的指導之下，義工人員陪同狗、貓、兔子等動物訪問老人福利院、身心障礙者中心、醫院、兒童相關中心。該協會現在除了全國各地展開訪問活動之外，透過演講和活動，繼續進行有關人和動物接觸的啟蒙活動或調查研究活動。接下來，看看實際的訪問活動情況。

場所是某老人福利中心（adult day care）。在此聚集了許多當地的老年人，進行健康檢查、休閒趣味活動。和動物接觸也是重要的活動，一個月定期一次舉辦CAPP活動。

這一天參加的是六名義工人員和飼犬、迷你貴賓狗、黃金獵犬、拉布拉多獵犬、謝德蘭牧羊犬以及日本貓。

義工人員在獸醫師的指導之下帶著狗和貓穿梭老年人之間，這一天參加的老年人約十名。當狗兒進入房間時，老年人的臉彷佛觸電一般發光。有人看到狗來到身旁，就會高興地撫摸牠；有人會把狗抱在膝上；有人會叫喚牠的名字對牠說話，不一而同。而且，狗的性格也很不一樣。

有的狗喜歡親近人群，對任何人都會搖尾巴、舔他的手或臉；有的狗雖不至於主動示好，但被老年人撫摸還是會露出愉快的表情。CAPP活動中，人們對待動物的方式各不相同，所以有各種性格的愛犬參與更好。犬種中，大型犬值得撫摸、小型犬可以抱在膝上疼愛，所以，兩者都可以接受。

根據派駐該中心的護士小姐表示，如此和狗接觸的老年人表情都會改變。比起平

常交談也會增加，甚至連嚴重的痴呆症病患也會感動得喃喃自語。

但願老年人藉由和動物接觸，心情會更開朗、更積極、更放鬆。如此心理的效果，應該有助於身體健康。

這是民間老人福利中心人和動物交流的具體例；但是，在醫院或兒童中心等的其他機構也可以展開同樣的情景。凡和動物接觸的人，不論老少表情都會變得開朗。而且，CAPP活動對於帶動物訪問的義工人員也深具意義。只要看老年人、身體行動不自由的人、孩子，和動物接觸的模樣，心就會溫暖起來。有許多人為了享受這份感動而參加義工人員。

某對夫妻藉由讓孩子參加義工人員活動，有助於情操教育。這種義工人員認真的努力支持著CAPP活動。

對於CAPP活動的評價口碑載道，人們紛紛要求：「希望能光臨本中心」。但是，義工人員和參加的動物數量尚稱不足。因為即將成為社會所需的活動，希望能獲得更多人的理解和協助。

能夠參加CAPP的只有健康、管教有方的動物。於是，日本動物醫院福祉協會決定CAPP活動模範犬的基準，凡符合條件的狗均為認定犬。其基準如下：

●認定1（對狗的基準）

①接受正確的健康管理。
②遇到陌生人時也能冷靜。
③即使面對其他動物，也可以冷靜對待。
④在人群之中也能冷靜地行走。
⑤把狗放進籠子裡時也不會吵鬧。
⑥可以做到「坐下」「趴下」「等一下」等動作。
⑦參加CAPP活動不會鬧情緒。
⑧不會隨地大小便。
⑨可以和飼主一起快樂地參加CAPP活動。

●認定2（對飼主的基準）

①能夠正確傳達人和動物的連繫（Human Animal Bond）、CAPP活動給其他人。

②一年參加三次以上的ＣＡＰＰ相關活動。

③本身是日本動物醫院福利協會的「ＣＡＰＰ會員」。

④平常和鄰居相處融洽。

有時候沒有完全符合這些條件，也可以參加ＣＡＰＰ活動；但是，對狗的基準是平常狗的管教中最重要的重點。

例如散步時，很可能遇到陌生人或其他動物。這時，萬一愛犬大吵大鬧的話，就非常危險。另外，在搭乘交通工具時，飼主有義務把狗放進籠子裡。此時如果大叫大鬧的話，就會連累到周圍的人使得別人無法順利移動。

如此，ＣＡＰＰ的認定基準可以說是現代人和動物共存的社會務必遵守的最低限度的規則。

「有心事的狗」正急速增加中。受理狗諮詢的治療師頗受歡迎

我們知道和動物交往，可以使人心更柔和、更放鬆。藉此，也有使身心障礙的人早日康復的效果。利用這種效果廣泛進行狗療法＝Animal therapy。亦即，狗有能力成為優秀的治療師。

但是，相反地，也有人專門接受受理有心事的狗的諮詢。

據說愛犬的治療師先驅者是美國的約翰·加納博士。一九七〇年代，博士在舊金山開了一家專門治療狗的精神科診所。結果，門庭若市。許多有心事的狗紛紛蜂擁而至（當然牠們是由飼主所帶來的）。

據博士表示，現代忙碌緊張的生活也使得愛犬之間有越來越多的精神衰弱患者。

但是，同時，主人比愛犬有問題的例子似乎也很多。

現在像加納博士那樣為有心事的狗或飼主諮商的治療師增加了許多。總之，社會變得越來越忙碌。狗兒們的壓力也越來越大。沒有生病卻食慾不振、脫毛、拉肚子、發燒、露出不穩定的態度、一直吠叫。這個時候，壓力引起的精神衰弱可能性大。你的愛犬沒有問題吧！

狗是纖細的生物，所以一旦生活環境改變或噪音、惡臭、運動不足等種種原因也會累積壓力。

另外，主人疼愛其他狗的話，牠也會感到嫉妒，那也可能造成壓力。治療師的任務就是分析這種狀況、探究壓力的原因、提出解決的建議方法。

日本專業的治療師還不多見，所以愛犬一旦呈現精神衰弱的狀態，就應該找獸醫師商量找出原因。人類可以解決的問題，換成是狗的話，可能就莫可奈何了。

因此，飼主終究得仔細處理。可見，愛犬能否生活幸福，還是得看飼主而定。

歷史上的狗・純白犬神祕的英雄傳說

各位是否曾看過日本神社裡的白馬呢？這隻白馬叫做神馬，被視為神的使者。日本自古即相信白色動物具靈性或又有神的庇護。

狗亦然。自古白犬即被視為神祕的動物。為此，關於神佛的傳說就出現了許多白犬。

例如，日本書紀載：有名的日本武尊東征之際，於信濃山上迷路，結果出現一隻白犬為他引路。古事記記載：雄略天皇於河內國日下召見若日下部皇子時，聘禮便是白犬。

又有這樣的記錄。日蓮上人前往身延山時，幾乎快被宗教上對峙的對手強迫食用含毒的糕餅。此時突然跑出一隻白犬，搶下日蓮要食用的糕餅，結果被毒死。原來，那隻白犬捨身幫助日蓮上人。

弘法大師也有和白犬相關的軼事。弘法大師開闢高野山時迷路了，不知從何處跑來一隻白犬為他引路。所以，如果沒有白犬，高野山就不可能像現在這麼繁榮了。

有關白犬的傳說，日本各地都有流傳。因此，白犬對人們而言是很特別的動物。

尤其是江户時代的人們非常珍視純白犬。其實，當時的人還很相信輪迴，深信白犬下輩子會投胎變成人類。

甚至於還有「前世犬」的說書橋段哩。內容是一隻白色野狗投胎變成年輕的男子，但剛剛還是狗的他，行事做風非常離譜，惹得聽眾哄堂大笑。這種俗說都是日本人喜愛白犬的延伸。

江户時代老百姓之間，養狗的習慣還沒有那麼普遍。但是，聽說身份越高的人都是養白犬，飼養白犬變成了一個地位象徵。日本人和白犬有一份切也切不斷的關係。

從狐狸到獅子狗。日本人氣犬種的變遷

現在和愛犬一起生活的你，到底以何為基準選擇犬種呢？很多人會考慮到家族構成或飼養環境、冷靜地判斷！

但是，也有人依據「現在的人氣犬種是……，所以……」，如此受社會流行影響而決定犬種的吧？

日本以愛犬流行變遷激烈著名。

首先，戰後才流行的是狐狸狗。特徵是純白色的被毛、三角形小立耳、黑色的眼睛和鼻子、毛絨絨的捲尾巴，另一特徵是很會叫。正因為當時的治安混亂，狐狸狗看到陌生人會吱、吱吠叫的性格，也很適合當看門狗。但是，隨社會的穩定，狐狸狗便開始被嫌惡道：「真吵！」

另外，當時並駕其驅的美國小獵犬也很受歡迎。迪士尼電影的『愛犬故事』走紅，點燃了風靡全球的熱潮。

一九六〇年代，長毛牧羊犬的人氣也頗旺。這也是受到電視劇『靈犬萊西』的影響。

一九七五年左右受歡迎的是馬爾濟斯犬。牠是適合日本狹窄住宅的小型犬，忍耐力強的性格也頗受歡迎。一九八五年左右登上人氣犬種的第一名。其他，同樣是小型犬的博美狗、約克夏㹴犬也很受歡迎。

之後，引發爆炸性風潮的是西伯利亞雪橇犬。像歌舞伎的臉譜般的臉，令人印象深刻，牠是西伯利亞原產的大型犬；自從一九八〇年代初期登場十年後，立刻登上人氣犬種第一名。流行的原因在於漫畫『動物醫生』。內容是立志成為獸醫師的青年們的幽默故事，主角愛犬是哈士奇。為此，隨著漫畫的暢銷，哈士奇也很受歡迎。

取代哈士奇成為人氣犬種的是黃金獵犬或拉布拉多獵犬，原因是哈士奇很穩重又聰明。

現在人見人愛的小型犬——獅子狗佔據人氣排行第一名。

如此，人氣犬種隨著時代不同而改變。原因有很多，但是，我們不難看出大眾傳播，尤其是電影、電視和漫畫的影響有多大。最近迪士尼電影『一〇一忠狗大遊行』的寫實版『一〇一』上映，造成大麥町狗的人氣急速上升。

受到媒體影響而造成人氣犬種的結果，使得人人更熟悉許多犬種也是一件好事。但是，同時也產生了各種問題。因追求流行而選擇犬種的飼主，不久就會接連發生無法照顧、隨便處理的情形。

例如，西伯利亞雪橇犬是大型犬，散步就得大費周章，而且又怕熱，最好要先準備冷氣。很多人事前沒有考慮到這一點，後來變成無法照顧的局面。最後，狗就被帶進收容所接受處置或變成流浪狗的悲慘案例，不勝枚舉。

以狗為賺錢對象的人，其目標人氣犬種，於是就產生所謂粗製濫造的情況。他們不顧遺傳上有問題的交配行為，只求立即繁衍下一代，於是便生下先天罹有障礙的狗。

例如，美國的黃金獵犬中，也有大腿關節形成不全的基因的狗。但是，在最風行的時候，只要是純種的狗什麼都可以，不管三七二十一地進口進行交配；結果，先天

人氣犬種的變遷

50年代 狐狸狗

80年代 西伯利亞雪橇犬

70年代 馬爾濟斯犬

90年代後半 獅子犬

60年代 長毛牧羊犬

90年代前半 黃金獵犬

患有障礙的獵犬急增。

當然，外國的人氣犬種也會隨著時代而改變。美國『一〇一忠狗』上映時，和日本一樣，飼養大麥町狗的人大增。

但是，大部分的人還是不受潮流左右，選擇自己容易飼養的犬種；因此，不會掀起如日本般的風潮。因為流行選擇犬種，有問題。希望各位能慎重選擇犬種。

竟有國家設立「寵物假日」。為了愛犬，希望能多了解一些事情

紐西蘭某公司竟為愛犬設立了寵物假日。令人羨慕的是，愛犬生病的話，還能請公假。這種想法就是「狗是家庭的一份子，生病的愛犬和生病的孩子一樣」。

另一方面，在峇里島根本沒有飼犬綁項圈或上鎖的習慣，所以，狗都能自由行動。篤信印度教的居民們在道路上到處擺放供品，所以狗就以此維生了。如此，每個國家對待狗的方式都不一樣。

那麼，日本人又是如何對待狗的呢？歐洲人把狗當成狩獵伙伴重視；但是，日本從舊石器時代到繩文時代都利用狗來捕捉獵物。

不過，彌生時代以稻作為中心，狗和人類之間的距離好像比以前疏離。這個現象帶給往後狗和人類的關係很大的影響。

日本長期以來持續著狗沒有特定飼主的時代。江戶時代的狗多半是野狗，以社區為單位成群結隊。同時，發現可疑人士時，牠們就會吠叫告知區民，藉以獲得犒賞的食物。即使沒有特定的飼主，社區居民共同飼養牠們，把牠們當成看門狗。

這種狗和人類的關係，其實持續到昭和年間，人們放飼狗，沒有特別的管教。但是，第二次世界大戰後，成立了狂犬病預防所，養狗人士有義務牢牢栓住愛犬；所以好不容易才接近現代的飼養方法。

如此，日本人長期和狗維持著若即若離的大方關係，這就是和歐美狗決定性不同的地方。歐美擁有狩獵犬的傳統，很早就有好好管教的習慣。但是，日本直到最近才開始有這種習慣。

但是，這在現實的現代日本是行不通的。為了使愛犬過著幸福的生活，還是需要細心地管教。

寵物店裡找不到狗！
令人聞之深表贊同的理由

上寵物店是一件樂事。即使沒有特別的事情，只要看看店裡的寵物，心裡就會覺得快樂。但是，英國、奧地利、德國等歐洲的寵物店裡竟然找不到狗和貓。

那麼，想買狗的人該怎麼辦才好？

每個國家具體的購買方法不同。例如，英國，狗都在店後的犬舍或飼養中心接受管理，想買狗的人首先告訴店員：「想要何種狗，幾個月大的幼犬」、「哪一位家人可以花多少時間照顧狗」、「飼養環境如何？」店員聽完後，再判斷「可以賣給這個人」之後，才帶顧客去犬舍或飼養中心。

英國法律規定經營寵物店的認可制度。不但如此，禁止在街頭或公共場合販賣寵物、不准把幼犬放在眾目睽睽之下。因此，採取這種販賣系統。最近，很多繁殖業者不肯透過寵物店販賣；希望直接和顧客見面，再將幼犬賣給值得信賴的人。

為什麼歐洲各國不在寵物店裡展示狗兒呢？

第一，眾目睽睽之下，狗會產生壓力，可能因此而陷入精神不穩定或體況不佳的窘境。

另外，為了展示，幼犬很早就要離開父母和兄弟姐妹；結果，還未培養社交性格就被買走了，往後很可能引發問題行動。為避免陷入這種局面，遂禁止展示狗。

相反地，日本寵物店裡陳列著許多狗。不但如此，寵物店在日本不需任何許可，只要向保健所申請即可開業。

各國國情不同，所以不能一概否定日本的現狀。但是，像歐洲站在狗的立場思考的話，我覺得應該可以稍微不同的方法對待愛犬，不知各位以為如何呢？

你行不行？愛犬不需要這種飼主！

愛犬人士Y先生，目前和一隻獅子狗一起住在一棟允許養寵物的公寓裡。但是，某日Y先生接獲公司調職的指令，要求他住進當地的公司宿舍。

但是，據說公司宿舍禁止飼養寵物，深感困擾的Y先生煩惱一段時間之後，決定辭退公司另謀可從現居公寓通勤的公司。看樣子，在如此富情義的主人細心呵護之下，獅子狗今後應可度過安穩的生活。

一方面有如此體貼愛犬的飼主，另一方面也有飼主簡直把愛犬當成物品看待，不在乎地隨意丟棄。美國某研究學者經過各種調查的結果，提出「高危險族群」的想法。此乃指很可能隨便說「已經不能養了」便處分寵物的族群。具體而言，已婚者比未婚者、年輕人比老年人、過去沒有飼養動物的人比有經驗的人、有小孩的家庭比沒有小孩的家庭，處分寵物的可能性更高。

當然，這始終是一般的傾向，不一定適合所有的案例。但是，這個調查結果在日本也可以做為某種程度的參考，不是嗎？

如此處分愛犬的人，當然沒有資格當飼主。但是，其他還有人不願意他們飼養狗。

例如，工作太忙沒有時間帶狗去散步的人；或者縱使有時間也完全不願照顧牠們的人；沒有細心管教的人；住在嚴禁飼養寵物的公寓裡、完全沒有適合愛犬生活環境的人；其實不是很喜歡狗，卻因虛榮和流行而飼養狗的人等。這種人只會讓愛犬不幸，所以最好不要養狗。

「緝毒犬」為何不會麻藥中毒？

機場的海關裡，緝毒犬根據味道發現毒品藥。但是，牠們並不特別喜歡毒品。因為緝毒犬們為了得到主人——毒品處理人員的讚美，才拚命發現毒品。

訓練緝毒犬時，使用把毛巾捲成棒狀的「假人」進行。命令幼犬將假人帶回，如果做到了，就稱讚牠。

不久之後，再在假人身上放進毒品，幼犬就會記住有毒品味道的人才是假人，一心為了得到主人的讚美，牠才會拚命去找毒品。

有一隻狗正在等你！如何處理流浪狗？

這是一個可悲的現象，真心喜愛狗的人是無法想像的。各地動物管理中心或保健所裡，還有許多等待處理的狗。全國類似的機構一年內被施以安樂死的狗，數目竟約三十～四十萬隻，真是令人痛心。

最近由於避孕、閹割手術的普遍化，致使幼犬被收容的例子越來越少；不過，聽說飼主反而將那些因問題行動而傷腦筋，或衰老、生病的狗直接帶進這些機構。

其實，有搶救這些可憐狗的方法。那就是愛犬的領養制度。從各地的機構直接領養小狗，也是一種方法。不過，最確實的方法是利用義工團體規定的領養召募制度。

某義工團體是如下處理市府動物管理中心、保健所和有意領養人的。首先，有意領養人先跟他們聯絡自己希望的犬種。義工團體先和管理中心、保健所取得連繫，找到領養人希望的犬種後，再請雙方見面；如果彼此中意的話，再行領養。領養者必須接受家人和居住環境的檢查，仔細簽訂契約書。

另外，領養者須負擔實際費用，待避孕、閹割手術、預防接種等手續完畢後，狗才會交給領養人。此時，領養人得為愛犬取得新名字並配合其預測年齡決定牠的生日。以往命運乖舛的愛犬，從此將展開牠的新生活了。

話雖如此，其中也有受前任飼主虐待、身心均受到傷害的狗。但是，這種狗在感受到領養人溫柔的愛護之後，慢慢地就會恢復對人類的信賴，而變得開朗、有精神。

提到領養制度，我們總以為它的規模龐大，然而，也有人只是因為「在寵物店裡找不到喜歡的狗」或「想要狗，但要花那麼高的價錢買牠，就有一點……」等微不足道的動機而成為領養人。

不論動機為何，和狗一起生活又可以幫助愛犬，這不就是最好的制度了嗎？全國各地都有這種義工團體，據說還上網徵求領養人呢！所以，今後想和狗一起生活的人不妨考慮考慮！

晶片（Micro Chip）制度是流浪狗和飼主的救星

被雷聲嚇壞的愛犬，驚慌地從窗戶的縫隙裡往外逃跑。已經過了三天，卻還是找不到。牠又沒有戴項圈，這該怎麼辦？……

這是常見的案例。比起以前，日本現在已少了許多野狗了；不過，流浪狗還是很多倒是事實。

各地動物管理中心和保健所所收容的狗當中，有許多流浪狗。萬一飼主沒有出現領回的話，三～七天左右就會被施以安樂死。飼主如果認為很快就會找到而放置不管的話，很可能在這段期間之內就發生了愛犬已被處理的悲劇……。

為了防止這樣的悲劇發生，飼主不只要幫愛犬戴項圈、加上名牌；如果能夠的話，最好也寫上飼主的姓名和住址。萬一愛犬走失了，應該儘快通知警察局、保健所

和動物管理中心。

但是，這種方法還稱不上萬全的流浪狗對策，更有效的是晶片制度。此乃於長十～十五釐米、直徑二釐米的晶片上記載各犬的辨別號碼，以類似針筒的東西把它植入狗的頸部皮下部位。

萬一愛犬走失被動物管理中心等收容的話，工作人員就會利用專門辨識器讀取愛犬的辨別號碼，進而判明事先登錄的飼主住址和姓名，所以能夠立刻通知飼主領回。這種做法不只能使流浪狗早日回到飼主的身邊，還能期待減少流浪狗的效果。

此晶片制度早已在英國和美國廣泛普及了。日本稍早之前也曾檢討實行後的效果；但是，最後決定暫緩實施，目前只在愛知縣以獸醫師公會為中心進行實驗性的實施活動。

據說正式的實行延後的因素，主要是受到愛犬人士「植入晶片，愛犬好可憐！」的言論影響。然而，真正植入晶片後，愛犬幾乎不會感到疼痛或流血。另外，往後對愛犬的健康似乎也沒有多大的影響。植入晶片確實可以減少不幸的狗；所以，這對愛犬人士而言，可說是很好的制度，務請設法實現。

帶給希望和愛犬一起在公寓裡生活的人好消息的新生活計劃

「想養狗，但居住的公寓卻禁止飼養寵物……」現在有很多住宅區禁止飼養貓、狗。其實，有很多人真的很想和狗一起生活，但是不得已只好放棄！

可是，為什麼多數的住宅區都禁止飼養動物呢？最大的原因可能是考慮到其他居民會受到連累。

例如，可以想見他們對愛犬的不滿，諸如「亂叫，吵死了」、「大小便善後處理不徹底、很不乾淨」、「狗毛亂飛沾到外面曬的衣服上」等。為了避免發生這種事態，於是事先將「禁止飼養寵物」一項納入管理規章中。

那麼，外國的情況又如何呢？例如，東京和巴黎居住在住宅區的人口比例約六成，幾乎相同。但是，相較於東京飼養狗的人口比例是約一成，據說巴黎約半數以上

的人飼養狗。亦即，在巴黎很多人和狗一起住在住宅區裡。

法國一九七〇年以前，在住宅區內養狗必須經過屋主同意；但是，現在人人都可以無條件地飼養。而且，不只是法國，其他歐洲各國幾乎都認為在公寓裡養狗是件極平常、普通的事。

為什麼會有這種差距呢?首先是生活習慣不同。歐美各國進出家中不必脫鞋；在日本就得先脫鞋才能進入家中。

養狗時，歐美人不太區別室內室外，允許愛犬自由進出；但是，日本人長期維持不准愛犬進入屋內的飼養習慣。因此，很可能歐美人自古即和狗一起住在公寓裡，不像日本人那麼排斥吧！

另外，歐美犬比日本犬有教養。住在法國、英國等住宅區的狗，從小就接受專業訓練，被人類教導成遵守人類社會的規則。

重點是「不亂叫」「不咬人」「不攻擊人或其他狗」等等。因為狗能確實遵守這些事項，所以才能順利地在住宅區裡生活。

很遺憾地，日本目前無法像歐美各國那樣和愛犬一起自由地住在住宅區裡。但是，最近似乎漸漸朝更好的方向進行。雖然為數不多，但是也開始出現部分准許飼養寵物的公寓了。

以允許飼養寵物的出租公寓為例，設備完善應有盡有，入口處設置外出回來時清洗四肢的場所或寵物專用的小門，每個房間都有通風、除臭、隔音、殺菌等萬全的設施等等。一樓公寓設寵物店，除了為愛犬梳毛和健康檢查之外，也可以免費寄放寵物。這可說是為喜愛寵物人士所設的公寓。

即使這種優良的設施算是例外，今後的趨勢顯示似乎有越來越多可以和貓、狗一起生活的公寓出現。

但是，最好不要認為住進這種住宅區，就可以無條件地和狗一起生活。任何住宅區的最低需要限度，就是像歐美犬一樣遵守人類社會規則的教養。諸如：不亂吠叫、不咬人、不攻擊其他的狗，這種基本的管教是不可或缺的。至於飼主必須貫徹的禮節，包括負責處理愛犬的大小便、梳毛時應注意勿讓狗毛亂飛等。

透過這種不斷的努力，如果能讓房東、管理員和其他不養寵物的居民了解到「在住宅區裡飼養寵物也沒有什麼問題」的話，准許飼養寵物的住宅就會增加了。

勿忘為愛犬準備「緊急疏散袋」，以防萬一

很多人準備了緊急使用的疏散袋以防地震或火災等災難發生。

但是，為愛犬準備袋子的人竟然很少。愛犬也是家族的一份子，你應該準備好。

袋中的內容，有二週份左右的乾糧和水。最好再放進被蓋、毛巾、常用藥品、繃帶、消毒棉花等等。

另外，疏散愛犬時所使用的籃子、籠子和狗繩等必須準備好，以便隨時取用。

為防止愛犬走失，千萬不要忘了在項圈上寫好連絡人姓名。

附帶一提地，忽視禁止飼養寵物規則偷偷養狗這種事，本人還是不贊成。以前有個飼主因偷偷養狗而和鄰居發生糾紛，最後法院裁決處分那隻寵物。演變成這種事態，最無辜的是那隻無能為力的寵物。如果是規則有名無實，所有住家都飼養貓、狗的住宅，那還另當別論；但是，一般的公寓最好遵守規則。

但願日本的住宅區中，可自然地和愛犬一起生活的時代能夠早日來臨。

仔細守護愛犬豐富的銀髮族生活！

愛犬不久也會衰老。狗的老化，據說小型犬、中型犬始自七～八歲，大型犬始自五歲。牠和人類一樣，不只會重聽、視力衰退、牙齒動搖，最近還有罹患老人（老狗？）痴呆症的可能。原因似乎是生活環境改善、食物品質提高，導致越來越多的狗比以前長命。

為防止這種老化現象，最好規律地遵守以往的管教和習慣。為保持精神上的年輕，多和牠說話、陪牠玩耍也很重要。即使已經開始老化了，飼主也應該配合牠老化的速度，儘量維持以往的生活方式。

例如：愛犬開始討厭走長距離的路時，可以縮短散步時間、增加散步次數。即使不散步，也要利用足部伸展運動活動身體，或者以全身按摩、梳毛等促進其新陳代謝等也很好。

另外，隨著身體狀態轉換老犬用的狗食，也是應有的體貼設想。

罹患痴呆症時，判斷力和記憶力都會極端地衰退，還會出現不知主人是誰、剛吃過飯卻又要求食物、整天都在睡覺、到處徘徊、隨地尿尿等各種症狀。如此一來，照顧牠的主人就非常辛苦了。

不過，到底狗還是家庭的一份子。

最近開發出輪椅、紙尿布等銀髮族愛犬專用的物品，因此，各位不妨利用這些道具照顧愛犬直到最後一刻。

但是，死亡是不可避免的。小型、中型犬大約十六歲，大型犬大概十四歲左右就會蒙主恩召了。其中，有的狗是跟病魔纏鬥後過世的。此時，有人會為了緩和牠的痛苦而施以安樂死。絕對不准許輕易的安樂死；但是，如果恢復無望、極度痛苦的話，這也許是不得不採取的方法了。

但是，一旦面臨這種痛苦的時刻，一般人是很難下定決心的。因此，建議各位趁愛犬還年輕健康的時候，全家最好先討論如何處理愛犬的老後和死亡。

如何處理愛犬的死亡？及早治好喪失寵物症候群

無論多麼可愛的愛犬，總有一天會死亡，這時沒有一個飼主能夠處之泰然的。

主婦U女士的愛犬馬爾濟斯犬Ruby剛因病過世。Ruby享年十七歲，可說是安享天年了。但是，U女士的心中仍留下深刻的傷痕。對沒有子女的U女士來說，Ruby就像是她的女兒一樣。因此，心中宛如開了一個洞似地，無力去做任何事。最後，她終於罹患了厭食症。

像U女士一樣，寵物的死亡帶給她很大的打擊、對牠依依不捨的情形，稱為「喪失寵物症後群」。一般而言，越將寵物當成一家人，飼主就越容易陷入喪失寵物症候群。

據說喪失寵物症候群會過幾個階段而產生變化。

第一階段是「否認」的狀態。愛犬面臨死亡之際，飼主會產生拒絕面對現實的反應，例如，「不要，我不相信」。

第二階段是「交換條件」。願意犧牲自己以挽回愛犬的性命。尤其是小孩子，他們常交換條件說道：「假如小Ruby能獲救，我就再也不吃最喜歡的漢堡了」等。

第三階段是「憤怒」。找人發洩難以排遣愛犬之死的悲痛情緒。最容易成為發洩對象的是獸醫。例如：「我家的Ruby之所以會死亡，都是因為醫生沒有好好為牠看病！」……。有時還會對自己發脾氣。激烈自責：「只要我再溫柔對待，牠也許活得更久一些……」。

第四階段是「憂鬱」。這是真正憂鬱的狀態。罪惡感和憤怒已經消失了，只剩空虛。很多人因此而氣力全失、體況失調。

渡過這個階段，最後的**第五個階段是接受一切事實的「接受」狀態**。但是，要走到這個地步談何容易呢？

為了從「憂鬱」的狀態走向「接受」，又該做些什麼呢？

首先應該坦白面對自己的心。不要否定悲傷和憤怒，坦白接受並委之於感情。不

久，「時間」就會治癒悲傷。

家人朋友等親近的人的支持也是很大的重點。親近的人應該儘量多傾聽他說話，避免他把自己封閉起來。跟有同樣喪失愛犬經驗的人分享也很有效。他就能了解「不是只有我會有這種心情」，心情也就會輕鬆許多。

國外好像治療喪失寵物症候群的心理顧問很盛行。日本慢慢地也開始了這種嘗試；但是，還不夠。因此，周遭人們溫暖的理解和支持，是克服喪失寵物症候群的一大關鍵。

已克服喪失寵物症候群的人，會坦白接受愛犬的死亡，不再回憶過去悲傷的往事，把目標放在新的事物上。同時也會感覺死去的愛犬永遠活在你的心中。如果能轉變成這樣的話，就不必再為他擔心了。

也有許多人想和新伙伴一起生活而開始飼養新的小狗。

仔細想想，失去愛犬感到悲傷是很自然的。為心愛的動物之死而流淚本是人之常情；這和尊重生命是息息相關的。但是，悲傷不可以再持續下去。

陪愛犬度過最後一刻，可說是飼主的義務；如果你還一直傷心難過的話，牠哪能

安心地上天堂？

為了死去的愛犬，你應該從喪失寵物的悲傷中重新站起來，提起精神生活下去。

監修者介紹

高崎計哉　高圓寺動物診所院長。日本獸醫畜產大學獸醫科畢業。小時候生活在許多動物的圍繞之下，尤其和貓、狗生活就像親兄弟姐妹。大學專攻外科，畢業後歷經九年的實習，1994年正式開業。醫院裡有狗、貓、田鼠、鳥等各種患畜前來求診。不只是治療、牠也積極地參與改善飲食和飼養環境的飼養指導工作。尤其是和專門訓犬師攜手致力於教養的指導。不分日夜地費心減輕動物們的痛苦，他是一位有顆溫柔心的獸醫，只要有痛苦的患畜，晚上就會煩惱得不能入睡。

作者介紹

愛犬人士網路　這是喜愛狗的專家團體，他們「無法想像沒有狗，怎麼生活」！成員包括幼年時起即以狗屋做為第二個家的作家、加班之後腦子裡閃過的是愛犬而非丈夫臉孔的女編輯，為實現和愛犬一起生活的夢想而在市內購買一幢獨棟房子的插圖家等。本書為使家庭一份子的愛犬度過幸福的生活，徹底分析愛犬的性情。

這是寫給即將和狗一起生活的人、已經和狗生活的人以及希望被狗喜歡的人等所有愛犬人士的狗書決定版。

大展出版社有限公司
品冠文化出版社

圖書目錄

地址：台北市北投區(石牌)
致遠一路二段12巷1號
郵撥：01669551<大展>
19346241<品冠>
電話：(02)28236031
28236033
28233123
傳真：(02)28272069

・少年偵探・品冠編號66

1. 怪盜二十面相	(精)	江戶川亂步著	特價	189元
2. 少年偵探團	(精)	江戶川亂步著	特價	189元
3. 妖怪博士	(精)	江戶川亂步著	特價	189元
4. 大金塊	(精)	江戶川亂步著	特價	230元
5. 青銅魔人	(精)	江戶川亂步著	特價	230元
6. 地底魔術王	(精)	江戶川亂步著	特價	230元
7. 透明怪人	(精)	江戶川亂步著	特價	230元
8. 怪人四十面相	(精)	江戶川亂步著	特價	230元
9. 宇宙怪人	(精)	江戶川亂步著	特價	230元
10. 恐怖的鐵塔王國	(精)	江戶川亂步著	特價	230元
11. 灰色巨人	(精)	江戶川亂步著	特價	230元
12. 海底魔術師	(精)	江戶川亂步著	特價	230元
13. 黃金豹	(精)	江戶川亂步著	特價	230元
14. 魔法博士	(精)	江戶川亂步著	特價	230元
15. 馬戲怪人	(精)	江戶川亂步著	特價	230元
16. 魔人銅鑼	(精)	江戶川亂步著	特價	230元
17. 魔法人偶	(精)	江戶川亂步著	特價	230元
18. 奇面城的秘密	(精)	江戶川亂步著	特價	230元
19. 夜光人	(精)	江戶川亂步著	特價	230元
20. 塔上的魔術師	(精)	江戶川亂步著	特價	230元
21. 鐵人Q	(精)	江戶川亂步著	特價	230元
22. 假面恐怖王	(精)	江戶川亂步著	特價	230元
23. 電人M	(精)	江戶川亂步著	特價	230元
24. 二十面相的詛咒	(精)	江戶川亂步著	特價	230元
25. 飛天二十面相	(精)	江戶川亂步著	特價	230元
26. 黃金怪獸	(精)	江戶川亂步著	特價	230元

・生活廣場・品冠編號61

1. 366天誕生星	李芳黛譯	280元
2. 366天誕生花與誕生石	李芳黛譯	280元
3. 科學命相	淺野八郎著	220元

4.	已知的他界科學	陳蒼杰譯	220 元
5.	開拓未來的他界科學	陳蒼杰譯	220 元
6.	世紀末變態心理犯罪檔案	沈永嘉譯	240 元
7.	366 天開運年鑑	林廷宇編著	230 元
8.	色彩學與你	野村順一著	230 元
9.	科學手相	淺野八郎著	230 元
10.	你也能成為戀愛高手	柯富陽編著	220 元
11.	血型與十二星座	許淑瑛編著	230 元
12.	動物測驗—人性現形	淺野八郎著	200 元
13.	愛情、幸福完全自測	淺野八郎著	200 元
14.	輕鬆攻佔女性	趙奕世編著	230 元
15.	解讀命運密碼	郭宗德著	200 元
16.	由客家了解亞洲	高木桂藏著	220 元

・女醫師系列・品冠編號 62

1.	子宮內膜症	國府田清子著	200 元
2.	子宮肌瘤	黑島淳子著	200 元
3.	上班女性的壓力症候群	池下育子著	200 元
4.	漏尿、尿失禁	中田真木著	200 元
5.	高齡生產	大鷹美子著	200 元
6.	子宮癌	上坊敏子著	200 元
7.	避孕	早乙女智子著	200 元
8.	不孕症	中村春根著	200 元
9.	生理痛與生理不順	堀口雅子著	200 元
10.	更年期	野末悅子著	200 元

・傳統民俗療法・品冠編號 63

1.	神奇刀療法	潘文雄著	200 元
2.	神奇拍打療法	安在峰著	200 元
3.	神奇拔罐療法	安在峰著	200 元
4.	神奇艾灸療法	安在峰著	200 元
5.	神奇貼敷療法	安在峰著	200 元
6.	神奇薰洗療法	安在峰著	200 元
7.	神奇耳穴療法	安在峰著	200 元
8.	神奇指針療法	安在峰著	200 元
9.	神奇藥酒療法	安在峰著	200 元
10.	神奇藥茶療法	安在峰著	200 元
11.	神奇推拿療法	張貴荷著	200 元
12.	神奇止痛療法	漆 浩 著	200 元

・常見病藥膳調養叢書・品冠編號 631

1. 脂肪肝四季飲食　蕭守貴著　200元
2. 高血壓四季飲食　秦玖剛著　200元
3. 慢性腎炎四季飲食　魏從強著　200元
4. 高脂血症四季飲食　薛輝著　200元
5. 慢性胃炎四季飲食　馬秉祥著　200元
6. 糖尿病四季飲食　王耀獻著　200元
7. 癌症四季飲食　李忠著　200元

・彩色圖解保健・品冠編號64

1. 瘦身　主婦之友社　300元
2. 腰痛　主婦之友社　300元
3. 肩膀痠痛　主婦之友社　300元
4. 腰、膝、腳的疼痛　主婦之友社　300元
5. 壓力、精神疲勞　主婦之友社　300元
6. 眼睛疲勞、視力減退　主婦之友社　300元

・心想事成・品冠編號65

1. 魔法愛情點心　結城莫拉著　120元
2. 可愛手工飾品　結城莫拉著　120元
3. 可愛打扮 & 髮型　結城莫拉著　120元
4. 撲克牌算命　結城莫拉著　120元

・熱門新知・品冠編號67

1. 圖解基因與DNA　（精）　中原英臣 主編　230元
2. 圖解人體的神奇　（精）　米山公啟 主編　230元
3. 圖解腦與心的構造　（精）　永田和哉 主編　230元
4. 圖解科學的神奇　（精）　鳥海光弘 主編　230元
5. 圖解數學的神奇　（精）　柳 谷 晃 著　250元
6. 圖解基因操作　（精）　海老原充 主編　230元
7. 圖解後基因組　（精）　才園哲人 著

・法律專欄連載・大展編號58

台大法學院　法律學系／策劃
法律服務社／編著

1. 別讓您的權利睡著了(1)　200元
2. 別讓您的權利睡著了(2)　200元

・武術特輯・大展編號10

1. 陳式太極拳入門　馮志強編著　180元

國家圖書館出版品預行編目資料

透析愛犬習性／高崎計哉監修；愛犬人士網路著；
沈永嘉譯，——初版，——臺北市，大展，民 89
面；21 公分，——（休閒娛樂；11）
譯自：イヌの氣持ちが100%わかる本
ISBN 957-468-037-1（平裝）
1.犬 2.動物行爲
437.66 89014853

INU NO KIMOCHIGA 100% WAKARU HON
written by Inu Daisuki Network supervised by Kazuya Takasaki

First published in Japan in 1998 by Seishun Shuppansha
Chinese translation rights arranged with Seishun Shuppansha
through Japan Foreign-Rights Centre/Hongzu Enterprise Co., Ltd.

透析愛犬習性 ISBN 957-468-037-1

監修者／高崎計哉
著　者／愛犬人士網路
譯　者／沈永嘉
發行人／蔡森明
出版者／大展出版社有限公司
社　址／台北市北投區（石牌）致遠一路2段12巷1號
電　話／（02）28236031・28236033・28233123
傳　真／（02）28272069
郵政劃撥／01669551
網　址／www.dah-jaan.com.tw
E-mail／dah_jaan@pchome.com.tw
登記證／局版臺業字第 2171 號
承印者／高星印刷品行
裝　訂／協億印製廠股份有限公司
排版者／弘益電腦排版有限公司
初版1刷／2000 年（民 89 年） 11 月
初版2刷／2003 年（民 92 年） 11 月

定價／200 元